人物模型涂装技术指南 1

涂装基础与实用技法

［俄］基里尔·卡纳耶夫（Kirill Kanaev） 著

吴迪 等 译

FIGURE PAINTING TECHNIQUES
F.A.Q.

机械工业出版社
CHINA MACHINE PRESS

《人物模型涂装技术指南1：涂装基础与实用技法》是人物模型涂装基础工具书。

　　我们可以通过一步一步的技法教程介绍来了解和练习"怎么做"，但如果我们想实现自己的想法并成为涂装大师的话，那就必须理解"为什么要这么做"。全书图文并茂，系统讲解了人物模型涂装需要具备的材料和工具，色彩和光影的涂装技术，模型的基础涂装技术，以及针对人物模型特点的专有实用涂装技术。关于人物模型涂装的难题，模友可以在此找到答案，本书力求助力模友创作出属于自己的精湛艺术作品。

图书在版编目（CIP）数据

人物模型涂装技术指南.1，涂装基础与实用技法 /（俄罗斯）基里尔·卡纳耶夫著；吴迪等译. —— 北京：机械工业出版社， 2022.5（2025.4重印）

书名原文：Figure Painting Techniques F.A.Q.

ISBN 978-7-111-70588-8

Ⅰ.①人… Ⅱ.①基…②吴… Ⅲ.①绘画技法 Ⅳ.①J21

中国版本图书馆CIP数据核字（2022）第067211号

机械工业出版社（北京市百万庄大街22号　邮政编码：100037）

策划编辑：李　浩　责任编辑：李　浩

责任校对：李　伟　责任印制：张　博

北京华联印刷有限公司印刷

2025年4月第1版第4次印刷

215mm × 280mm·14.25印张·2 插页·382千字

标准书号：ISBN 978-7-111- 70588-8

定价：150 .00元

电话服务　　　　　　网络服务

服务电话：010-88361066　　机　工　官　网：www.cmpbook.com

　　　　　010-88379833　　机　工　官　博：weibo.com/cmp1952

　　　　　010-68326294　　金　书　网：www.golden-book.com

封底无防伪标均为盗版　　机工教育服务网：www.cmpedu.com

中文版推荐序1

人类文明的演进一直有两条线,一条是看得见摸得着的物质世界,另一条是不以实用为目的的精神世界。随着社会生产力的发展出现了工具,人类大脑进化出现了智慧,我们的祖先开始尝试借助手边的材料去表达思想,文化和艺术也就自然地产生了。无论是原始社会的采集狩猎、农耕社会的种植畜牧、工业社会的制造贸易、信息社会的代码通信甚。至是未来元宇宙时代的虚拟现实,随着物质越来越丰富,人们越来越渴望精神的富有,许多人依然在寻找着"我是谁"这个问题的答案。无论东方还是西方,只要人类文明还在发展,对满足精神世界的向往就会越来越强烈,探寻自我的体验和强调个性的主张就会越来越积极。

《人物模型涂装技术指南》这本书就是现实世界和精神世界的纽带。它的实用性可以解决物质世界的现实问题,帮助模友制作看得见摸得着的作品,同时也有机地结合了精神世界的想象力。因为在现实世界当中,我们几乎无法去亲身感受二战的环境,可是艺术家们通过模型作品给观众提供了一个可以身临其境地去感受的途径。观众们通过这本书、文字影像、模型作品既能获得精神世界的认知和愉悦,又能从中学到很多知识。随着科技的进步,数字化虚拟世界越来越完善,在人们开始更多地关注和探寻未知的虚拟世界的时候,也应该欣赏到实体模型作品给我们带来的独特的美感。人类无论走到哪一天,其需求都应该是物质和精神二者的有机结合。

希望本书能够传递工匠精神,国外模型师通过这本技法书分享的技术、工艺、材料这些科技成果,能让国内爱好者和准备从事相关专业的年轻学生们少走弯路。但是,我们不只是在模仿书里的作品,当朋友们掌握了这些技术之后,我个人更强调的是在这个基础上进行吸收,然后来创作我们自己的模型的微缩艺术世界。"讲好中国故事,分享中国文化",这也是对模型创作者们非常有意义的事情。

作为模型技术的门外汉,并不妨碍我成为一个模型爱好者。我也希望这本书能够把更多的对模型有兴趣的爱好者吸引进来,通过这本书了解如何从模型制作到艺术创作,将来成为中国的模型艺术家。

北京电影学院副院长、二级教授
孙立军

中文版推荐序2

微缩人物涂装是一门"错觉"的艺术。随着NMM、OSL等技法或表现方式的成熟应用,微缩人像涂装与传统的绘画方式越来越接近,而涂装的过程恰似在立体的画纸上作画。这也使得微缩人像成了所有人形涂装中门槛最高的一种。

近些年,微缩人像涂装在国内的发展,特别是在历史军事题材领域显得较为缓慢。复杂的技法和专业性的要求,往往让初学者一时摸不着门道。因此,对于人物涂装的爱好者来说,拥有一本深入浅出、细致全面的技法工具书,成了当务之急。

在此之前,市面上也有不少的模型涂装技法工具书或教程,它们之中不乏优秀者。但这些书籍或教程,要么本身就并非以人物为主,涉及的人物类型不够全面;要么技法方面过于基础且模式化,对于有进阶要求的模友来说价值不高;又或者过于注重理论(如各种色彩及光影理论的书籍),而对实操技法少有涉及。这些,使得一个初学者,如果想要选择合适的、能够循序渐进地指导自己进行人物涂装的资料,即使苦苦搜索也往往未必可得。

而《人物模型涂装技术指南》一书的出现,有望改变这一状况。该书系统全面,循序渐进,足以成为一本"一本通"式的人物涂装技法书。

首先是专业性。其实该书的书名即表明了这是一本专门讲述人物模型涂装的技法书。它的作者基里尔·卡纳耶夫,在国内被广大模友亲切地称为"黄一",他是一位国际公认的人物模型涂装大师,本人在刚开始涂装人物模型时,也视其为偶像,并从其技法中获益良多。

其次是全面性。该书不但系统地介绍了人物涂装各个步骤及各个部分的详细过程,对于工具材料、涂前准备、色彩光影、不同技法的区别、不同质料质感的表现等,凡是你能想到的人物模型涂装过程中会遇到的问题,几乎都有讲到。

最后是理论与实践的结合。"知其然而不知其所以然",这是横亘在很多人进阶路上的难题。许多技法教程只是单纯地告诉你什么步骤用什么颜色,甚至规定好了色号,学习者无须知道其原理,只要跟着照做就行。这样做,虽然有助于新人快速上手,却大大限制了制作者的创造力以及进步的空间。而该书不但讲技法,并且将技法当中包含的原理讲得明明白白,真正地做到了不但"知其然",还能"知其所以然"。

以上三点是我推荐该书的主要理由。其实,该书的优点还有很多,比如对NMM和OSL等技法的讲解,由于作者本人就是这两种技法的集大成者,如今能有机会一窥其技法背后的秘密,相信也会吸引不少模友一探究竟。

韩 冬

2022年5月于杭州萧山

2017年上海新年模型交流赛人像组金喷笔奖获得者;

2017年世界模型博览会芝加哥站历史主题涂装组金奖获得者;

2018年马来西亚世界比例模型公开赛人像组金奖获得者;

上海新年模型交流赛、模型岛"CH夜之工坊杯"大奖赛等比赛评委;

"集颜的韩大人"系列头雕涂装教程作者。

中文版推荐序3

　　微缩模型进入大家视野的时间不算长，但借助奇幻题材以及更接近游戏与动漫的美术风格与视觉效果，被大众快速接受。这两年其受众群体与涂装信息发展迅速，但是对于爱好者与从业者们来说这是一个门槛比较高的爱好与职业，很多人被涂装基础或者美术基础所限，不能很好地体会涂装的快乐。

　　我认为，《人物模型涂装技术指南》是一本包含了人物模型涂装全部流程以及基础要素的经典之作。作者本身就是一位资深的微缩模型涂装艺术家，书中内容之丰富，讲解之细致，作品质量之高，都是顶级的配置。我有幸能看到如此细致的涂装过程，对其爱不释手，而且从这本书里还看到了一条深邃的微缩艺术之路。

　　模型本身是承载我们内心美好愿望的一种媒介，借由模型，我们可以抒发各种情感，以及一切源于我们对生活的体悟与执行。我觉得这本书不仅是一个工具，也是一种精神上的指引。我们可以把涂装当作生活中的休息，也可以当作是一种艺术追求。无论如何，《人物模型涂装技术指南》都可以帮助你达成所愿。

　　千言万语不如我们一起拿起手中的画笔，进入模型的世界吧。

郭恒志

2022年5月13日

上海模型元旦公开赛金奖获得者；

成都scd静态模型公开赛、模型岛"CH夜之工坊杯"大奖赛评委；

"GHZ奇幻涂装教程"系列作者；

成都恒码奇幻电子商务有限公司（GHZ模型工作室）创始人。

中文版推荐序4

在人物模型涂装领域，基里尔·卡纳耶夫可谓是久负盛名的人物。他曾在全球多项顶级赛事里屡获大奖，开设了自己的涂装辅导课，并受邀担当各类大赛的评委。不管是在涂装作品的用色、光影和质感表现上，还是对于各种不同题材的掌控，他都已驾轻就熟。更难能可贵的是，他从不安于现状。最近十来年，他在涂装技法上也一直在创新和尝试一些不同的风格。很多人物模型圈内的模友们在看到他的一些新作品时，经常会感受到一种眼前一亮的惊喜，心中不禁感叹道："啊，原来这种效果还能这么画出来！"他的作品也经常成为一些模友们争相模仿和学习的对象。顺便提一句，基里尔不仅涂装技术精湛，他在雕刻人物模型方面也有很深的功底，可谓是一名人物模型圈里的全才大师。他在许多顶级大赛中的获奖作品，就是他自己一手雕刻并精心涂装出来的。

我平时也和基里尔有过在线交流。几年前，当得知他正在收集素材并开始着手准备写这么一本关于人物模型涂装的技术指南时，我就已经非常期待了。这本巨著最先是以共计近500页的英文版和西班牙文版出版的。现在我非常高兴看到这本巨著终于迎来了中文版。

全书内容非常充实，涵盖了人物模型涂装的方方面面。涉及了从所需的材料、涂装前的准备工作，到色彩原理、光影的概念和应用、各种不同技法的介绍，再到以各类涂装教学实例来详细说明如何用涂装的方式来展现人物模型上常见的要素，例如人物皮肤、毛发、布料、皮革、木料以及各种不同的金属材质等。

其实，我当初已阅读过此书的英文版，现在又有幸能在第一时间再看一遍中文版，仍然觉得受益匪浅。感谢出版社和译者们的努力，把这本人物模型涂装领域的顶级巨著以中文的形式准确地展现出来，以供大家学习和参考。

我相信，对于喜欢人物模型涂装的朋友们来说，不管是刚入门的新手还是已具有多年涂装经验的老手，经过学习一定都能将书中的内容应用到实际涂装的过程中，取得满满的收获和长足的进步。

周克勤
2022年5月

2017年龙绘模型涂装赛胸像组和主题组双料冠军；

曾多次担任上海新年模型交流赛、模型岛CH大奖赛、马来西亚槟城国际模型赛等模型赛事的人像组评委；

多款作品入选人像模型专业站点"Putty & Paint"的Top 50以及西班牙Volomir站点评选的年度全球人像模型精选作品集。

赞　誉

　　基里尔·卡纳耶夫向我们全面展示了人物模型作品的涂装技巧，感谢吴迪老师翻译团队把这些宝贵的知识翻译并分享给国内的爱好者们！精湛的涂装技巧可以促进微缩模型作品的艺术化，祝愿各位微缩艺术爱好者们技法精进，佳作不断！

　　——中国工艺美术学会微缩艺术专业委员会主任　张志远

　　这是基里尔·卡纳耶夫撰写的一本对微缩模型圈有深远影响的涂装书。《人物模型涂装技术指南》由浅入深，带领涂装爱好者学习技法，领会涂装的乐趣。希望这本书能让越来越多的人参与到微缩模型涂装中，去分享涂装的乐趣和技术。

　　——微缩模型耗材品牌"夜之工坊"创始人 朱一鸣（tornado/龙卷风）

　　《人物模型涂装技术指南》是人物模型涂装领域的殿堂级教学书籍。本书循序渐进，从涂装所用工具到涂装技法，再到光源、镜面折射理论等，都一一详述。无论你是刚入门的新手，还是已经进阶到大神级别的爱好者，本书都能给你不一样的启发。

　　——2016年上海新年模型交流赛人像组评委、2022年IPMS CHINA广州模型交流会评委 陈志安（anson/安神）

　　无论是微缩模型的涂装新手，还是颇具经验的涂装老手，《人物模型涂装技术指南》都能让你有所收获。

　　——2020年上海夏季比例模型公开赛冠军、微缩模型涂装师　郭庆（Zero）

　　基里尔·卡纳耶夫是微缩模型涂装界真正的艺术家，一直引领着涂装的潮流和风向标。《人物模型涂装技术指南》是一件伟大的艺术品，值得每一位对艺术有所向往的人拥有。

　　——第十五届上海模型新年交流赛奇幻人物组金喷笔奖得主 李玮（KS.Lee/爆音）

　　基里尔·卡纳耶夫的作品在全世界是公认的天花板，《人物模型涂装技术指南》集合了他在涂装中所使用的各种中高级技法，希望各位玩家能在这本书中学到适合自己的人物涂装知识。

　　——2020年上海新年赛奇幻人物组铜喷笔获得主、IPMS战车组第一名 郭希（亚修拉姆）

　　第一次看到有人深入浅出地将如何涂装人物模型讲解得如此清晰和详细，《人物模型涂装技术指南》把每一个步骤都掰开揉碎了呈现到你的面前，带你深度了解微缩艺术极致之美。

　　——Loongway微缩模型论坛公众号主理人　周炎（大米粥）

基里尔·卡纳耶夫花费多年心血写作的《人物模型涂装技术指南》绝对是经典之作，它向我们展示了一种极致的画风，无论对模型涂装初学者还是高手都有很好的学习参考作用，可谓爱好者们的必读之作。

——知名微缩涂装推广教学节目UP主　路昊（MisterLu）

《人物模型涂装技术指南》是微缩模型、胸像小雕塑涂装爱好者的必读书。仔细观察书中的每个步骤图、阅读每段过程描述，并尝试临摹动手，最终你会发现受益匪浅。强烈推荐！

——模玩好朋友、锤圈知名UP主　骚狗哥哥

《人物模型涂装技术指南》不仅仅是基里尔·卡纳耶夫的技术和经验的分享，更是他对于精美和细致追求的表达！他绝对是我最值得尊敬的涂装大师。

——"Miniature scene"系列设计师、模型涂装师、B站涂装教学推广UP主　王炜（Louis.D.Starlight）

如果要从众多人物模型教科书中挑选一本来研究和学习，我推荐这本《人物模型涂装技术指南》。该书由浅入深，各个阶段的学习者都可以从中获取相应的知识。本人也从书中收获良多，往后还要继续学习和钻研。强烈推荐！

——2021年第五届上海夏季比例模型公开赛写实人物组亚军、"ZG微缩工具"系列开发者　周祖国

《人物模型涂装技术指南》无论是对模型涂装的材料选择、涂装步骤，还是对颜色搭配、明暗关系都进行了充分的展示，甚至对模型的物体结构、涂装过程的细节处理也进行了非常详细的介绍。因此，它是我进行模型涂装的重要参考蓝本，也是我涂装道路上的指南针。之前一直为此书没有中文版而感到遗憾，衷心感谢对此书进行中文翻译并出版的人们，你们这项工作将为更多的模型涂装爱好者带来福音！

——微缩人像涂装师、"Blackcrow（魔法师）""Spiramirabilis（七个小矮人）"作者　杨琪华（清粥小菜）

《人物模型涂装技术指南》是一本关于微模涂装的精品教程，无论对该领域的新人或老手都弥足珍贵。不论我们的风格和品位如何，都能从书中获得有益的知识，从而改善自身技法。如果我们能怀着开放的心态阅读，让想象自由驰骋，定会从书中收获更多。

——微缩模型涂装师、2022年"IPMS·CHINA"第一届广州比例模型公开赛奇幻人物组金奖获得者　李梓杰

译 者 序

我对人物模型的喜爱源于5岁时的一次春游，途中我捏弄一块橡皮泥，邻座有位长辈可能是一时技痒，让我分了一半给他，随手用一根火柴三下两下就捏了个老人的头像出来，那时名为"塑造"和"创作"的两粒种子就埋在了我的心里。

我一年级期末考了"双百"，奖品是一套1:100的飞机模型，除了飞机本体，套材里还提供了一些导弹、地勤之类的附件。过了几年，市面上出现了福万的坦克模型，里面也会带坦克手的模型。当我把小小的人物模型摆在飞机和坦克旁边的时候，感觉它们在我面前"活"了，想来是因为人物角色能为作品增加生机。

上了初中，我开始尝试改造和自制人物模型。那时信息和渠道都很闭塞，也没有现在如此丰富的工具和材料，我就像没头苍蝇一样，技术是没有的，就是敢下手，细节是没有的，就是有个样儿。不论我怎么弄都和外国杂志上的不一样，于是我就开始买各种相关美术的书，大体明白了需要掌握的知识点。有了方向就变得事半功倍，我利用课余时间不断地摸索，自制过各种材料形制的雕塑工具，尝试过塑料流道、纸黏土、原子灰、环氧腻子、塑钢土、AB补土等造型材料和丙烯、油画、水彩、墨汁、记号笔等涂装材料。那时我就经常想，怎么没有一本专门讲人物模型制作的书呢？

40年弹指一挥间，当年的蒙童也人到中年，转眼就到了2020年，夜之工坊的朱一鸣先生邀请了几位国内顶尖的人物模型涂装师，想和我一起组稿出一本以人物模型为主题的专刊，正巧AK模型的联络人徐磊老师告诉我机械工业出版社决定引进他们出版的《人物模型涂装技术指南》，该书责编也是我的好友李浩老师苦于找不到合适的翻译也找到了我，大家一拍即合，在朋友们的支持和鼓励下，我主动请缨承担了组织和协调该书简体中文版的翻译。期间几经波折，总算是顺利完稿了。

感谢原作者基里尔·卡纳耶夫先生为模友们分享的优质内容。

感谢朱文琦、王伟峰、戈勒三位老师在百忙之中翻译本书的主要内容。

感谢雒思霖同学帮我核对检查稿件。

感谢骆蔚曦先生在戈勒老师临时接戏进组期间挺身而出接手翻译并帮助校对译稿。

感谢所有关心和支持本书中文版的模友们。

最后恳请朋友们在经济条件允许的情况下支持正版，不论是模型还是书刊，正是你们的鼎力支持为作者们提供了坚持下去的动力。

谢谢大家！

吴　迪

2022年9月

序

　　历经漫长的两年时间，这本书终于完成了。在这个过程中，我反复整理和修改了诸多内容，同时又添加了许多额外的章节。可以说，整本书的初始理念在写作的过程中产生了翻天覆地的变化。

　　在此，我要感谢我的妻子塔蒂安娜在这两年对我不懈的支持！同时我也要感谢我的父亲弗拉基米尔·卡纳耶夫，是他将儿时的我带入了模型制作与涂装的世界。日积月累，我深刻意识到这项爱好对我的重要意义：它是我的快乐之路！

　　另外，我还要感谢参加我辅导课的同学们，正是因为你们的质疑与提问，令我更深入了解到如何清晰准确地阐述我对涂装技法的理解，同时你们所有的问题都将在这本书中得到解答。另外，我要对这本书中涉及的模型制作者们与收藏爱好者们表达我的谢意！最后，请允许我对AK团队致以深深的敬意，没有你们就没有这本书的诞生。

Кирилл Канаев

前 言

　　微缩模型制作是一项能够令人尽情享受发挥自身创造力的爱好。每个人都能在这项爱好中找到属于自己的快乐。部分模型涂装爱好者只是想在一天烦劳的工作后通过涂装来放松心情,部分人则是想通过模型来重现和还原真实的历史场景,而还有一部分人则对奇幻和科幻类的题材痴迷。无论如何,人们都可以将微缩模型制作作为放松自己的方式。微缩模型起初也许仅仅是一种始于童年的简单快乐,但是随着时光的推移,它的意义变得越发深远。模型制作者们通过不断地钻研与学习来提升自己的艺术水准。日积月累,模型制作者们领略到:正如其他的复杂事物一样,微缩模型制作是一项以非常复杂的理论为基础的活动。它不光包含制作者对素材和历史知识的了解,同时也包含了对艺术与物理定律的认知。微缩模型制作现已经成为一项名副其实的艺术:一项将雕塑与色彩统一结合的艺术。

　　事物的发展一直在延续,相比经典绘画和雕刻艺术千百年的发展史,微缩模型制作也已经经历了几个世纪的发展与进化,在其发展之初,人物模型制作与涂装的唯一目的仅仅是准确再现肤色以及服装的色彩,直至今日,这个最为传统的涂装风格也还在被沿用。

　　现如今,微缩模型涂装与传统美术的界线变得越发模糊,可以说微缩模型涂装达到了一个前所未有的新高度。当今微缩模型不再仅仅是一个人物模型或一个场景,而是制作者们遵循《组成与和谐》这项艺术法则创造出的艺术作品。许多涂装者的技法被用于人物胸像及人型的3D建模当中。坚实的绘画基础理论可令制作者将图画与模型相结合,从而创造出令人惊叹的艺术效果。

慢慢地,微缩模型制作与涂装有了初步的进化,模型的更多细节和光影对比得到了展现。

直至18世纪90年代,微缩模型的复杂度已经显而易见。色调调节技法(Color Modulation)问世,各种表现不同浮雕元素及人物真实面孔的技法也开始被使用。

模型服装上无比惊艳的手绘花纹。

动态光效，非金属漆表现金属质感的涂装技法运用可以使模型的表现无比惊艳。

21世纪之初，互联网的出现颠覆了整个模型爱好者们的交流方式。在互联网问世之前，世界各地的模型制作者们只能通过杂志或本地展览来欣赏其他艺术家的作品。但是现在人们可以通过互联网去浏览和欣赏大量的艺术作品，并可以通过互联网查阅大量的教程资料。微缩模型制作者们也借鉴运用大量的经典绘画理论来进行作品的构图、色彩搭配、光影表现，以及材质的还原。微缩模型成了制作者们进行创作的画布。

微缩模型制作与涂装和其他任何活动（如创作音乐或建造房屋）一样，大致可分为三个部分：

首先是实践的技能与能力。一个熟练的音乐家能更好地演奏出优美的音乐，一个熟练的建筑工人能建造出更好的房屋。实践与练习对于微缩模型制作与涂装来说也是非常必要的。

其次是工具与材料。正如一把音准调试得很好的吉他可以演奏出更好的乐曲，用高质量的建材建造的房屋将会更加耐用一样，型号合适的高质量毛笔和好的颜料对微缩模型制作者们来说是非常重要的。

最后是知识。音乐家与常人相比更懂得视唱练耳；与伐木工人的简易木屋相比，基于建筑理论而设计出的房子更加精良、耐用、宽大、漂亮。对于一个艺术家来说也是一样，

对色彩理论、光影理论的理解和掌握，可以让艺术家创造出更加令人惊叹的作品。

在这本书中，我们将介绍多种涂装技法。内容不仅包括一步一步的教程和颜色组合，而且也将进一步解释这些技法背后的实际意义和物理关系。

理解技法的实际意义不仅可以让您更正确地运用这些技法，还可以令您针对不同的作业任务选择使用最适合的技法。此外，深入"理解技法的意义"使您可以根据自己的需要和喜好进行相关的修改和改进。惊艳的涂装效果往往可以通过很多不同的途径或方法来实现，在涂装过程中绝不会只有一个严格定义的路径或方法。我们可以通过一步一步的技法教程介绍来了解和练习"怎么做"，但如果我们想实现自己的想法并成为涂装大师的话，那就必须理解"为什么要这么做"。

目录

中文版推荐序1
中文版推荐序2
中文版推荐序3
中文版推荐序4
赞　誉
译者序
序
前　言

1　第一章　材料和工具

2　一、颜料
2　　　1. 珐琅漆
2　　　2. 油性漆
3　　　3. 油画颜料
3　　　4. 丙烯颜料
4　　　5. 喷罐
4　　　6. 墨水
4　　　7. 清漆
5　　　8. 稀释剂
5　　　9. 缓干剂
5　　　10. 速干及消光剂
5　　　11. 溶媒

6　二、工具
6　　　1. 毛笔
10　　　2. 喷笔
12　　　3. 湿盘
13　　　4. 手持上色夹具或夹台
14　　　5. 切割工具
15　　　6. 锉刀和打磨工具
15　　　7. 其他辅助工具

16　三、辅助产品和必备基础
16　　　1. 胶水
18　　　2. 补土

2

21　第二章　开工前须知

22　一、如何选择人物模型

24　二、工作区域
24　　　1. 如何准备工作区域
25　　　2. 选择哪种灯光是最合适的

26　三、涂装前模型的修复处理
30　　　1. 如何加固零件
32　　　2. 补缺填缝和修正
33　　　3. 瑕疵位置的重塑
36　　　4. 上水补土前是否需要进行零件表面的清洗

3

39　第三章　色彩

40　一、色彩的概念
41　　　1. 色相
42　　　2. 饱和度
43　　　3. 亮度
44　　　4. 色温
50　　　5. 其他需要牢记的要点

52　二、混色

4

67　第四章　光影概念

68　一、基础概念

87　二、细节位置决定光影
87　　　1. 一般光影
88　　　2. 顶部光源（天顶光）
90　　　3. 底部光源
91　　　4. 定向正面光源
92　　　5. 侧面光源
94　　　6. 人物或场景本身发出的光源（混合光源）

5

97　第五章　模型涂装技法

98　　　一、技法介绍

100　　　二、丙烯颜料涂装技法

103　　　三、油画颜料涂装技法

118　　　四、罩染法

120　　　五、点画法

122　　　六、轮廓描绘法

124　　　七、干扫技法

125　　　八、海绵点蘸法

126　　　九、喷涂技法

6

129　第六章　模型涂装实践和技术应用

130　　一、如何进行皮肤涂装

136　　　1. 偏白皮肤

146　　　2. 丙烯与油画颜料的混合技法

148　　　3. 印第安人的皮肤

154　　　4. 深色皮肤

158　　　5. 黑色皮肤

160　　　6. 疤痕

164　　　7. 纹身

170　　二、如何进行手部涂装

174　　三、如何进行眼部涂装

176　　　1. 大比例人物模型的眼部涂装

184　　　2. 大比例女性人物模型的眼部涂装

186　　　3. 中比例人物模型的眼部涂装

188　　　4. 小比例人物模型的眼部涂装

190　　四、如何进行毛发涂装

192　　　1. 金发

196　　　2. 灰白发

200　　　3. 深棕发色

202　　　4. 胡须、汗毛和胸毛

206　颜色对照表

第一章
材料和工具

- 颜料

- 工具

- 辅助产品和必备基础

一、颜料

哪一种颜料最适合人物模型涂装?

并不是所有提供给模型制作者使用的颜料都可以为人物模型涂装带来相同的效果,这便是我们要面临的第一个难题。

在涂装人物模型的时候清楚了解什么时候该用什么,将会帮助我们选择正确的颜料,从而带来更好的效果。

现有的各种颜料,不管是美术领域还是模型领域的,都同样适用于人物模型涂装,不过它们所提供的效果和(或)最终结果并不相同。

颜料分为许多种,比如色粉、水彩、色粉笔、水粉、蛋彩、油画颜料等。不过我们将只关注那些适合我们进行人物模型涂装的颜料。

使用这些颜料时也有很多不同的方式,所以我们将以两种主要的使用方式区分它们,即用毛笔或使用更复杂一些的工具,比如喷笔。

不过涂装人物模型肯定不是完全用一种工具就能完成,我们在某些上色步骤中可以用上喷笔来节约时间。而且,这还能让我们创造出一些用毛笔很难,甚至无法达到的效果,所以说二者搭配使用是非常有效的。

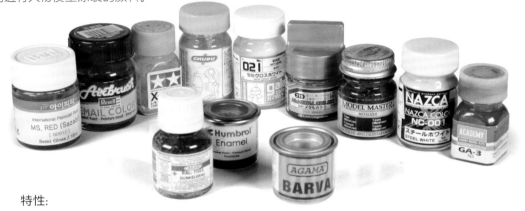

1.珐琅漆

有一些模型玩家会选用这种高质量的颜料来给他们的模型上色。注意不要把这种漆和油画颜料混淆,虽然它们确实有一些相同的特性。稍长的干燥时间使得它们可以带来平滑的过渡和渐变,但同样稍长的干燥时间也会拖慢人物模型上色整体的进程。它们可以用毛笔手涂,也可以在合适的溶剂帮助下用喷笔喷涂。大概是因为它们的成分以及毒性使得其在近几年逐渐被丙烯漆取代。

特性:

- 稍长的干燥时间。
- 可以灵活地与新颜色混合。
- 更广的可选色调。
- 高毒性和很刺鼻的气味。
- 漆面干燥后非常坚固。
- 可以稀释后用来进行渍洗或者渗线等。

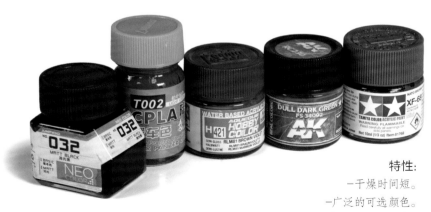

2.油性漆

这种颜料在几年前才出现,它们主要被用来涂装车辆模型。最近这些颜料因为它们出色的性能也被搭配着溶剂和喷笔用来涂装人物模型。它们干得非常快,而且很少被拿来手涂,因颜料质量非常出色所以很适合用来喷涂,使得这种漆料可以通过薄喷来实现非常平滑、均匀、渐变和罩染的效果。

特性:

- 干燥时间短。
- 广泛的可选颜色。
- 干燥后适当的硬度。
- 适合当作底漆,绘制高光和阴影。
- 可以用来做罩染、滤镜和不同的污渍效果。

3.油画颜料

油画颜料在美术界里很常用，因为其特性和效果也被模型制作者用在各种作品上，无论是人物还是车辆模型。总体来说，这种漆料最大的优点就是可以混合出平滑的渐变。它们的质量非常出色，所以可以直接用笔手涂或者搭配特定的溶剂。它们的干燥时间取决于使用方法，普遍较长。不过也有一些产品可以加速干燥。它们的成分使得其会呈现出光泽或者缎面效果。不过在进入模型圈之后，也有一些品牌，比如Abteilung的油画颜料在干燥后几乎是完全消光的，而且质量出色。它们可以被用来给人物模型上色，或者在底漆上添加不同的高光和阴影效果。无论如何，一管油画颜料能用上一辈子，所以在买的时候一定要注意它们的品质。

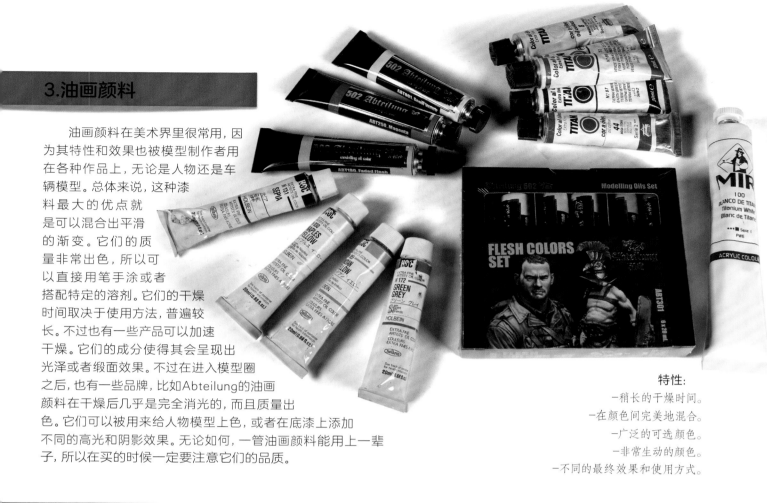

特性：
- 稍长的干燥时间。
- 在颜色间完美地混合。
- 广泛的可选颜色。
- 非常生动的颜色。
- 不同的最终效果和使用方式。

4.丙烯颜料

丙烯颜料是最适合用来给人物模型上色的。它们大部分都是水性漆，所以可以很简单地用水稀释，不过这为它们带来优势的同时也带来了一些缺点。尽管它们的毒性很弱，不过我们依然需要做好防护。它们的干燥时间相对较短，所以可以通过叠加多层颜料来获得更亮或更暗的渐变效果。通过这些多层颜料我们可以或多或少地模拟平滑的渐变效果。它们既可以用笔手涂也可以用喷笔喷涂。如今，厂家（例如AK）已经用它们的第三代技术升级了丙烯颜料配方和颜色的种类，并且研发出新的溶剂来提升用喷笔喷涂的效果。

特性：
- 适中的干燥时间。
- 灵活的混合颜料。
- 多种多样的颜色。
- 不同的最终效果。
- 出色的硬度。

5.喷罐

喷罐是专为大面积喷涂而设计的,已经陪伴模型玩家多年,并且可以用来非常轻松快速地喷涂底漆。它们根据用处有多种不同的配方和容积。可能这种颜料最大的缺点就是它们的容器了,不管是压力还是漆量都难以控制,喷涂小面积区域或是小物件将会需要一些技巧以及练习。

我们应该用扫喷的方式使用喷罐,拿着罐子要离被喷涂物件20厘米远,垂直于喷涂表面。我们一定要摇匀了再开始喷涂,确保里面的颜料混合均匀。大部分喷罐里面都有钢珠来辅助摇匀。在喷涂过程中也最好时不时停下来摇一摇。实际上,在喷涂过程中容器会因为压力差而变凉从而导致流量减少,因此停下来摇晃颜料还可以让容器恢复温度,从而让颜料的流量恢复。它们非常适合快速轻松的喷涂。

特性:

- 干燥迅速。
- 无法混合。
- 可选颜色略少。
- 有毒且味道较大。
- 多种不同的效果,例如水补土、清漆、非透明漆、金属漆、荧光漆等。

6.墨水

墨水是一种特殊的颜料,由于本身被高度稀释,它们的浓度较低。墨水既可以用笔涂也可以用喷笔喷涂。在人物模型涂装方面,它们可以被用来区分轮廓和细节,改变基础色调,当作滤镜,甚至作为阴影。它们大部分都是丙烯或水性颜料,所以可以用水来稀释。

特性:

- 适中的干燥时间。
- 较少的可选颜色。
- 缎面或光泽效果。

7.清漆

清漆是完全透明的,主要用在已经完成的模型上,从而来调整漆面的表现和效果。也可以单纯用来保护模型不受后续的旧化步骤、光照,或者时间流逝的影响。虽然总体来说一共只有三种效果(光泽、缎面或者消光),但是根据不同的用途、成分、组成、包装或使用方式,确实能分出很多种不同的清漆。最简单的就是那些瓶装或者罐喷的,并且可以直接用,或者稀释一下就可以用笔涂或者喷笔喷涂的清漆。但是也有一些需要两种成分相组合的清漆被用在一些特定的用途,比如民用车模型上。在人物模型上它们主要被用来调整一些部位的表现,从而获得非常有趣的效果。很重要的一点是,要确保清漆不会变得不透明或者泛黄。质量是选择产品的决定性因素。

特性:

- 光泽、缎面或消光效果。
- 多种类型:丙烯、合成成分、双组分树脂等。
- 根据用途会用不同的工具,比如喷罐、喷笔或者毛笔。

8.稀释剂

稀释剂就是溶剂,是由悬浮在载体(溶媒)中的被稀释的颜料所组成的。总体来说,我们用溶剂来降低漆料的浓度从而让其更具流动性。很明显,稀释也会改变颜料的表现和一些特性,从而可以使它们用在其他工具上或者实现其他用途。对不同类型的颜料有多种不同类型的溶剂,有些可以和别的通用,并且可以适用于多种颜料。

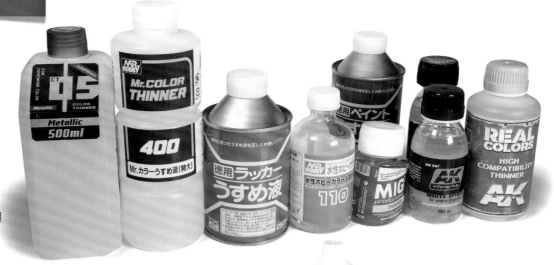

9.缓干剂

将缓干剂根据厂商的不同适量加入到颜料中,可以延长干燥的时间,从而为我们带来更多的时间来创造更好的罩染效果和柔化两种颜料的交界。不过,它会稍微改变颜料的发色,或者更确切地说是颜料的透明度,使它们变得透明。不同类型的颜料,比如丙烯漆、油画颜料、珐琅漆等,都有自己特定的缓干剂。不过它们的最终呈现效果都是一样的。

区分颜料的触摸干燥时间和实际固化干燥时间是非常重要的。即使漆面摸上去干了,漆面也可能并没有足够的强度来承受后续更猛烈的操作,并会导致脱落。如果没有彻底干燥的话,甚至还会和其他的漆面混在一起。在继续处理漆面并开始旧化步骤前,注意不同颜料的干燥时间是非常重要的。

特性:
- 延长干燥时间。
- 可以改善颜色间的混合过渡。
- 降低颜料的不透明度。
- 可以被用来调整颜色。

10.速干及消光剂

要是一种颜料干燥时间过长,可以加入速干剂来加快干燥。根据我们使用颜料的不同有不同种类的速干剂,我们能找到丙烯漆和油画颜料专用的,甚至还有专门为油画类颜料准备的速干剂。还有其他适合珐琅漆和油画颜料使用的速干剂,比如消光剂。搭配速干剂一起使用,可以为油画颜料带来非常有趣的效果。

特性:
- 加快干燥速度。
- 导致颜色难以混合。
- 可以被用来调整颜色。

11.溶媒

在溶媒产品中,我们能找到多种在添加进颜料后可以带来的不同效果,比如保持金属漆的光泽,创造珠光效果,改变颜料的光泽或消光效果,呈现罩染效果等。

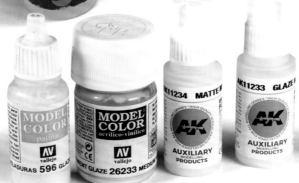

二、工具

聚焦人物模型涂装的实用工具

当我们谈论模型制作的时候，不管是什么类型或题材，我们都可以说，颜料和上色笔是最主要的两种工具。而对于人物模型玩家，或者只是喜欢人物模型涂装的人来说，这些不仅仅是基础工具，人物模型的效果很大部分取决于选用优质的颜料和上色笔。而上色笔则更是重中之重。

我们并不需要一大堆的毛笔来为人物模型上色。毛笔的尺寸取决于模型的尺寸，涂装一个54毫米小人和一个1：9比例的人物模型用到的毛笔尺寸肯定不会相同。但是这只会影响所选毛笔的号码，而不是毛笔的质量。

质量永远是选择毛笔的重点。对于人物模型或者任何类型模型的初学者来讲都有一个很常见的误区，那就是觉得做个模型并不会太多时间，所以也不需要投入太多，因此就手头有啥就用啥来上色。

大概这就是很多人最终因为无法得到满意的结果或提升自己巧而放弃了模型的原因。

物料和工具的质量，包括模型本身的质量是非常重要的。尤其于新手而言，这意味着更高的投入。一支高质量的毛笔和质量一般笔之间的区别不仅仅是价格上的（实际上，很可能高质量的毛笔反用得更长久，因此要更值当一些），而是在效果上也有很大的区别，效果是无法用低质量毛笔做到的。

1.毛笔

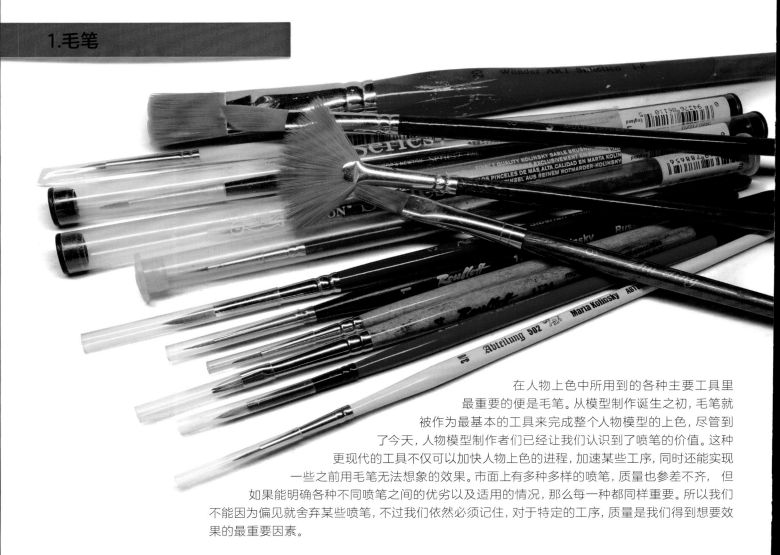

在人物上色中所用到的各种主要工具里最重要的便是毛笔。从模型制作诞生之初，毛笔就被作为最基本的工具来完成整个人物模型的上色，尽管到了今天，人物模型制作者们已经让我们认识到了喷笔的价值。这种更现代的工具不仅可以加快人物上色的进程，加速某些工序，同时还能实现一些之前用毛笔无法想象的效果。市面上有多种多样的喷笔，质量也参差不齐，但如果能明确各种不同喷笔之间的优劣以及适用的情况，那么每一种都同样重要。所以我们不能因为偏见就舍弃某些喷笔，不过我们依然必须记住，对于特定的工序，质量是我们得到想要效果的最重要因素。

工具的种类

毛笔的种类

人造毛

这是市面上最常见的毛笔。它们可以很容易地通过橙色人造刷毛辨识出来。这类毛笔质地较软，从而使它们很容易使用，也相对比较耐用，所以使用寿命较长。这类笔载漆量一般，但是因为能耐得住溶剂从而很适合用来涂装油性漆和油画颜料。

天然毛

笔如其名，这种毛笔是用各种不同动物的天然毛制成的，所以它们都会更加金贵，需要特殊的养护。

其中有一种毛笔叫作天然猪鬃笔，源自其所使用的中国猪鬃，这种毛笔的特点为白色且坚硬。因为其坚硬的质地，导致这种毛笔并没有太高的载漆量，所以我们只有在特定情况下才会使用，用在那些并不需要上太多漆的工序里。

玛尔塔·柯林斯基黑貂毛

在这一分类下我们能找到适配水性漆的最完美毛笔，不过它们也同样适用于油画颜料。玛尔塔·柯林斯基黑貂毛毛笔使用的是一种特定的黄鼠狼毛，经过特别的挑选和处理来制成最高端的毛笔。这种毛笔的笔刷柔软而富有弹性，具有很高的载漆量，受到模型制作者和美术家的高度赞赏。

圆毛笔

圆毛笔是最常见的形状。其底部为圆形且笔毛簇拥在一起，而笔头则为弧形。它们可以被用来填色，并且通过轻轻按压表面，既可以实现较细腻的笔触，也可以完成较厚重的笔触。

圆尖头毛笔主要用来处理细节和精细的工作。我们只用笔尖来进行上色，其他部分只是用来吸附颜料。

掸子：这是另一种类型的圆毛笔，形状就像个掸子，同时笔毛非常柔软。它们被用来扩散或者柔化油画颜料。

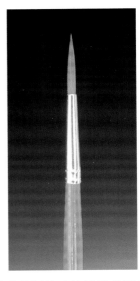

平毛笔

平毛笔的底部是长方形且平坦的。笔毛的形状和长短多种多样，使得它们可以具有多重功能。这类笔常被用来描绘边缘和填色，以及实现一些需要较高颜料浓度的特殊效果（比如干扫）。

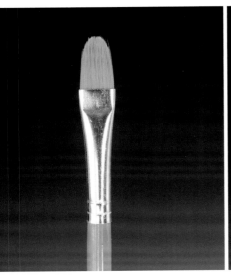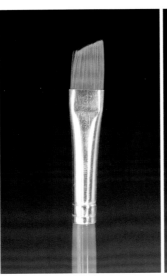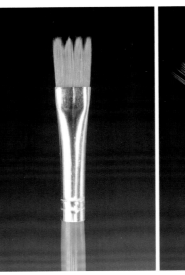

棒子形毛笔：类似于平毛笔，棒子形毛笔有更长的笔毛且呈椭圆形，这使得它们有一个平滑的圆形轮廓，非常适合干扫或者滤镜。

斜角形毛笔：这同样也是一种平毛笔，但是笔毛被修剪成了不同的长度从而呈现出带角度的笔刷形状。它们的形状可以让你用任何颜料画出粗线来，同样很适合精确地画出各种线条。我们还能找到锯齿形状的斜角笔刷，用来创作一些更具艺术性和特殊的效果。

扇形毛笔：这种毛笔根据不同的软硬度来区分，非常适合实现柔化、褪色或者其他的特殊效果和材质表现。

维护和清洗毛笔

毛笔的使用寿命取决于我们使用的时长、使用的颜料，以及（当然了）我们对毛笔的养护。我们必须牢记每一种类型的笔刷都有其最适配的颜料类型。

一般来讲，我们用来涂油画颜料或者珐琅漆的毛笔都是人造毛的，并且相较于用来涂水性丙烯漆的天然毛笔会损耗得更快。

金属漆中的色粉会污染其他漆料或者溶剂，因此，我们在清洗使用这种漆料的毛笔时必须要格外用心，或者干脆找一支笔专门涂金属漆。

如果我们想要延长毛笔的使用寿命，必须要好好地维护它们，使用完之后得用肥皂和水认真地清洗，并且如果可能的话，找一些能保护其笔尖和笔毛的产品。

市面上有很多种可以用来养护毛笔，帮助其维持形状的产品。

如何使用凝胶

有很多品牌都推出过凝胶或者其他毛笔维护产品。这种凝胶或者叫黏稠液体溶液，非常适合用来保护毛笔。不管是黑色的、白色的还是蓝色的，都非常不错而且基本上没什么味道，同时它们作用于毛笔上的效果也大同小异。

在正常使用后，毛笔的笔刷会走形。这使得它在和其他毛笔或者工具放在一起储存的时候更容易被损坏，笔刷变得更加松散从而使得问题更加严重。一旦我们完成了上色，必须要彻底清洁笔刷，确保上面没有一点颜料。处理的办法便是将笔刷浸泡在液体里，确保笔毛被完全浸透。

轻轻在吸水纸上擦掉多余的凝胶，就像在上色一样。然后，纵向旋转笔刷做圆周运动，从而将笔毛聚集并形成笔尖。一旦笔尖成型，并且在凝胶的作用下呈均匀的蓝色外观，我们就可以把它放在一个碰不到的地方晾干了，避免再次受到损伤。在下次使用前，建议在沾漆之前先清理掉凝胶。只需将其在水中润湿，然后用吸水纸清洗到没有凝胶痕迹即可。

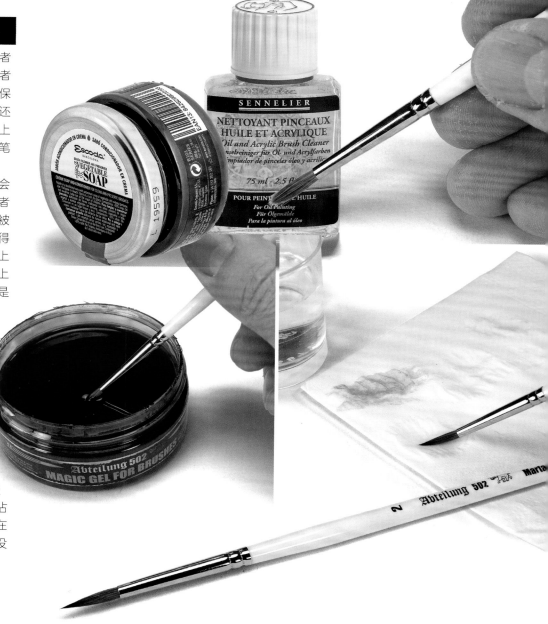

我们需要哪一种毛笔？

一般来讲，对于75毫米大小的人物模型，一套质量上乘的柯林斯基00、0、1和2号毛笔就足够了。但是这取决于不同创作者以及他们的技术和喜好，他们也可能会选用一些其他尺寸和类型的毛笔。

我们也可以备几把人造毛的毛笔来上底漆和进行大面积上色。

它们可以用多久？

只要我们持续使用毛笔，无论清洗得有多好，残余的漆料都会淤积在毛笔底部。

而且在模型表面上涂抹会导致磨蚀效果，笔毛会分叉，笔尖会磨损并分开。

毛笔的使用寿命取决于使用程度、质量和保养。当我们发现一支毛笔已经无法实现想要的效果，或是被拿去做一些不那么精细的活时，我们自己就能决定这支笔是不是还能继续用。

我们最不应该做的就是把毛笔浸泡在用来清洁它们的水或是溶剂里，因为过不了几秒钟笔毛就会开始打卷从而变得无法使用。

2.喷笔

喷笔是一种非常有用的工具。它不仅可以用来创造人眼看来近乎察觉不到颜色过渡的渐变效果,而且还可以减少部分工序所花费的时间。很显然,喷笔所带来的效果和手涂是完全不同的。

喷笔在最近才开始应用于人物模型涂装。这需要一定的练习和技巧,不仅仅是如何使用喷笔,也同样是因为喷涂表面的尺寸。

以前喷笔只是被用来喷涂水补土或者底漆。不过现在,随着工具的进化以及漆料和特定稀释剂配方的不断更新,人物模型玩家们得以让他们的技法与时俱进,在今天他们可以以史无前例的效率和惊人的效果完成人物模型的制作。

我该用哪种喷笔?

和选购毛笔一样,工具的质量是选购时的重要因素。最好是双动喷笔,因为这样一来我们可以用同一个扳机来控制漆量和气量。

精度和最小线宽则取决于喷嘴的直径。喷嘴的直径一般在0.1~0.4毫米或更大,这取决于我们要用来干什么类型的活,不过这些喷嘴也可以互相切换。喷笔的价格也因精度而异,0.2毫米或0.3毫米的喷嘴就足以完美地进行人物模型喷涂了。

该用什么颜料?

一般来讲,在涂装人物模型的时候,喷涂的漆要和手涂的漆保持一致。最好选用既适合手涂又能流畅喷涂的高质量丙烯漆。

这样一来,当我们使用喷笔在模型表面完成阴影和高光后,再在上面用毛笔完善细节时,就不用担心颜色和混用的问题了。

我应该用哪种稀释剂，什么比例？

我们必须要针对不同的颜料使用不用的稀释剂，从而降低颜料的浓度，使其可以顺畅地喷出，不会堵塞喷头。

稀释比例取决于要做什么样的活，想要什么样的效果，想实现什么样的风格，以及创作者自身的喜好。总体来说，喷涂表漆的常用比例大概是40：60到35：65（颜料：稀释剂）之间，喷涂高光阴影则大概是30：70到25：75左右，而做滤镜大概是20：80。

用完之后我该做什么？

就和用完其他任何工具一样，我们必须好好地清洗喷笔，让它准备好下次使用。

日常清洗也就花上三分钟，因为我们只需要拆卸并清理喷针以及喷壶，同时确保喷头没有堵塞即可。

如果喷笔使用得非常频繁，比如一周至少两到三次，那么推荐每个月进行一次深度清洁，将喷笔彻底拆解并清除任何可能残留在内部的颜料。

清洗喷笔一般会用到清洁酒精或者特定的溶剂，这取决于我们平时喷涂什么样的颜料。比较快捷的清洗办法则是在喷壶里倒满溶剂然后将其全部喷到布上，直到喷出完全清洁的溶剂，就证明已经没有残余颜料。

使用喷笔时还需要什么其他工具？

我们需要一个优质的软管用来连接气泵和喷笔。尼龙材质要比塑料材质坚韧得多而且还耐用。要注意软管的路径上不能有东西阻碍空气流通（比如椅子）并且没有打结。

另一个关键工具则是气泵。最好使用气泵而不是压缩空气罐，因为后者无法调整气压。气泵上最好带膜，这样一来压力是稳定的，同时最好还有一个可以用来改变压力的气压阀。这样的气泵是最适合我们的。

同样，一个可以在我们不用的时候用来放喷笔的笔架也是非常有用的。

最合适的工作气压是多少？

气泵是喷枪密不可分的伙伴，它可以提供气压合适的气流让我们喷涂模型。

在选择气泵的时候，它应该有一个可以持续提供稳定气压的储气罐，这样一来运行的时候就会更加安静，从而减少工作中噪声的影响，不管是对我们还是对周边的人都友好。

我们还应该记住，丙烯颜料需要被更多地稀释，这就导致喷涂的处理要复杂一些。喷涂经过正确稀释的丙烯漆的理想气压大概在1~1.5 bars（15~20psi），用扳机控制气流，避免出现恐怖的"蜘蛛腿"。

调节器

仪表

电动机

逆止阀

储气罐

水分过滤器

3.湿盘

我们可不是随随便便就选择用丙烯颜料来给人物模型上色的。而是基于这种颜料相比于其他类型的颜料具有更广泛的可选颜色、更坚固的漆面、更易混色以及干燥时间较快等特点。

然而我们所提到的这最后一个特点也恰恰是它的弱点,因为这会使你不得不频繁重复混色,而每一次混出来的颜色不可避免地会有色差。也有一些特殊的产品,比如缓干剂和特殊的稀释剂,可以延长干燥时间。不过我们也有其他的解决方式,可以让我们尽量避免使用这些可能会对颜料,尤其是对颜色造成影响的产品。

直到今天,依然有人物模型制作者会用空药板,或者带凹槽的调色板来存放混好色的颜料,并且用铝箔将其包裹起来放到冰箱里来确保它们在模型完成前能存放数日。

不过对于上述问题,我们还有另一种解决方案,能够确保颜料在我们涂装人物模型的时候保持新鲜,这种简单的工具叫作"湿盘"。

所谓湿盘,就是在一个容器里铺上一种可以吸水的材质作为底子(比如厨房纸巾、布、海绵等),然后用水将其润湿,随后在上面铺上一层烘焙纸。

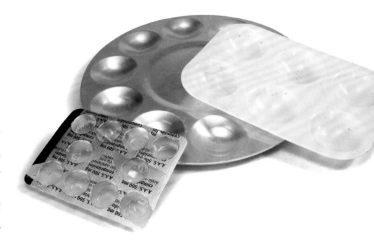

这样一来水分便可以润湿表面,而又不用担心表面会形成积水,从而确保其上面的颜料可以长时间保持湿润。

这非常有助于上色过程中的调色以及长时间将颜料维持在合适的稀释状态,或者用来调配釉面或滤镜这种需要高湿度的颜料。

如何自制湿盘

自制湿盘的最基础材料:一个扁平的容器或者塑料托盘,吸收水分的布或海绵,厨房纸巾以及水(见图1)。

将布放进容器里,然后用水将其浸湿(见图2)。

接下来,将厨房纸巾放在布的上面,轻轻地按压使其稳固并完全贴合(见图3)。

我们现在可以将所需的颜料点到厨房纸巾上了(见图4)。

最后,我们在颜料里稍微加一点水,将其稀释到合适的浓度,便可以在湿盘内混合出合适的颜色(见图5)。

有了湿盘，混色不再是问题，而且在理想的湿度环境下，我们还可以得到最优的色彩渐变，同时还能延长颜料干燥的时间（见图6）。

湿盘还可以帮助我们保存之前调好的颜色，允许我们重复利用或者重新调整颜色（见图7）。

如今，随着这种工具变得越来越流行，大量的厂商开始推出自己的同类型产品，所以我们能找到各种规格、形状和大小的湿盘，所有这些产品的基础原理和功能都是一样的。

而且，我们还能买到分开售卖的各种相关辅料和消耗品。

4.手持上色夹具或夹台

随着人物模型逐渐变得更流行，各厂商推出了一系列产品来辅佐有这一爱好的模型制作人。

最简单的例子就是手持夹具了。在以前，我们都是靠木块或者刀柄把模型固定在一个舒服的位置，方便进行制作和上色。而现在许多厂商都推出了一系列工具来实现这一工序。

在今天，我们能找到各种各样的夹具，不管是固定的还是可动的，来避免我们的模型发生任何意外事故。

有铝制把手带底座的，有木制把手的，甚至还有可调节以适配不同尺寸人物模型的塑料材质的，这些工具都可以用来辅佐我们进行人物模型或胸像的制作和上色。

5.切割工具

切割工具能做的事可不仅限于切割，根据材质的不同，我们还可以用它们来处理水口，或者对我们的人物模型进行一些修改。

切割工具包括所有把手上有刀片的东西，可以是手术刀，也可以是开箱子用的那种长刃刻刀。

锯子是另一种非常实用的工具，市面上有各种不同类型刀片和刀刃的锯子。这种工具在处理特定材质的模型（比如树脂、金属或者木材）的时候非常有用。

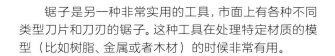

剪钳可以帮助我们有效地把人物模型的部件从板件上剪下来，不管是塑料的还是树脂的。同时这种工具也很适合剪切金属或塑料棍。

最后还有一种能切割、能打磨还能钻孔的多功能工具，这种工具一般被称为迷你手钻或者旋转工具。我们能买到各种适配于这种工具的辅料，其中很多都可以在我们制作人物模型的时候帮上忙。

6.锉刀和打磨工具

锉刀和打磨工具可以帮助我们在上底漆之前完善我们的模型。在我们将人物模型的各个零件剪下来之后，下一步便是处理掉板件上面的各种痕迹以及其他出现在模型上的各种瑕疵，还包括注塑过程中可能留下的残余。

首先，我们用金属锉把最严重的瑕疵处理掉，将那些最明显的部分在一开始便处理好。我们不用花多少钱便可以买到一套质量不错并包含不同尺寸锉刀的套组。

在处理完大部分瑕疵之后，我们需要使用砂纸、打磨棒，甚至钢丝球来抛光之前打磨过的地方，从而柔化打磨痕迹。

现在市面上有各种各样的打磨工具，不管是砂纸还是海绵砂，不同目数应有尽有。这些工具可以帮助我们将模型的表面处理到完美程度以准备后续上色。

7.其他辅助工具

除了以上提到的各类工具外，还有各种各样功能各不相同的工具可以在我们制作人物模型的时候帮上忙。

并没有一个具体的类别可以为这些工具分类，以下列出的这些工具更多是基于创作者的个人经验以及为了满足不同制作过程中的特殊需求。

其中最显眼的便是一套用来塑形以及制作地台的工具，例如雕刀以及刻线工具，用来塑形补土的橡胶刷，甚至是圆头牙签。

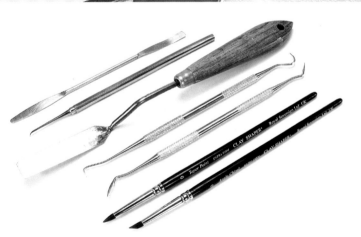

一套顺手的金属夹，用来夹住小零件。各种尺寸的小零件被黏合的时候，夹紧零件的小夹子会非常有用。

总而言之，我们日常生活中的很多工具都可以在模型制作中起到作用。

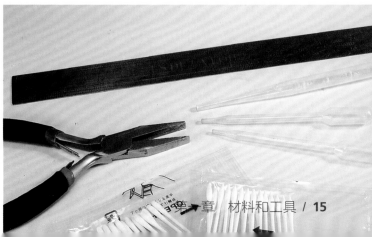

三、辅助产品和必备基础

什么材质的模型是最好的?

多年以来,制作人物模型的主要材质是铅,其他还包括塑料、木头或者金属。

而到了今天,更多不同类型的材质被用来制作人物模型。当今市面上我们能遇到使用各类金属蚀刻材料或3D打印而成的人物模型。所有这些不同材质的模型都需要不同的处理和组装技巧。

但是不管用什么材质,我们的模型都需要一些最基础的辅料,比如胶水和补土,同时我们还应该了解这些辅料的用途和使用方法。

无论如何,我们至少应清楚地了解什么类型的胶水和补土适合用来拼接或修补什么类型材质的模型。

1.胶水

液体胶

这一类胶水是专门被设计用来通过融化塑料零件的拼合位置进行粘贴的,所以它们的用途非常特殊。

它们也分为各种不同的类型和浓度,有标准型、极稀型、快干型等。我们可以根据要黏什么样的零件以及如何使用来进行选择。

所有这一类胶水的瓶盖上都会自带毛刷,我们可以用它将胶水沿着拼接缝涂上去,然后让胶水依靠毛细作用自行渗入。

高浓度的胶水适合用来拼接大块零件,而较稀的胶水则适合搭配更精细的刷头来拼接小块零件。

这一类胶水还可以通过干燥时间来区分,我们可以使用更浓、干燥时间更长的胶水来处理那些需要更多时间才能正确定位的零件。

由于拼接处的塑料已经被胶水融化并经过按压,所以被这一类液体胶黏上的零件普遍非常结实,很难分开。

PVA胶

这种常见的胶水可以被称为聚醋酸乙烯酯，PVA胶也称乙烯基黏合剂或者乳胶。这一类胶水在干燥后会变透明，同时可溶于水，因此可以直接挤出来就用，也可以用水进行稀释。

这是一种日常用的多功能胶水，它并不是模型专用胶，经常被用在各种其他制作中。

尽管这种胶并不是专业的建筑用胶水，但是它非常适合黏接各种材质的材料，比如木材、软木、泡沫塑料，以及沙子、砾石、石块和植被等松散材料。我们在制作场景模型的时候可以放心地使用这种胶水，完全不用担心它会和某些材质发生反应。

它们的瓶盖普遍都可以用来当作涂抹器，这使得它们用起来会非常方便。不过即使你选择用其他工具来上胶，其溶于水的特性也使得它们非常容易被清理。

氰基胶

氰基丙烯酸酯胶（或称CA胶）是一种黏合力极强的万能胶。

它们可以被用来黏合各类材质，例如塑料、树脂、金属甚至木材。除了可以取代焊接来黏接金属之外，它们还可以搭配金属针填补拼接缝，从而使这类胶水在人物模型制作中非常重要。

这一类胶有啫喱状的也有液体状的。拥有不同的浓稠度是这种胶的优点之一，让我们处理的不同工序更加可控。

当今我们还能买到一种黑色CA胶，它的浓度介于中间，同时其含有一种柔性化合物，使它的胶点具有一定的弹性。

除了可以用来黏接不同材质的零件，其较短的干燥时间还可以帮我们缩短拼装所需的时间。还有一些相对实验性的功能，则是用它来创造特定的材质效果。

但是其较短的干燥时间和干燥后的强度也使得这一类胶水在使用时有一定的风险，因此我们必须要小心。我们可以用玻璃纤维笔刀来清除掉额外的CA胶并柔化拼接处。

AB胶

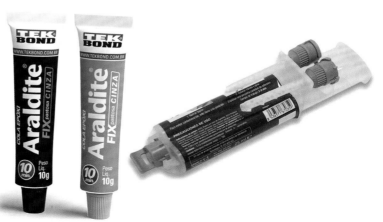

根据其成分我们可以称其为双组分环氧树脂或环氧树脂黏合剂。它由两部分组成，一般被包装在分开的管子或者罐子里，一个包含树脂，另一个包含固化剂。两者必须按照生产商标明的正确比例进行混合。

它们被称为刚性黏合剂，因为一旦彻底干燥它们的黏合力极其强大，而且可以将各种材质的物品黏在一起。

这一类胶水非常适合人物模型制作者拼接大号零件，比如马匹这一类的，或者是处理一些大比例模型上的大号零件。

2.补土

基础补土

　　这也是我们在组装模型时用到的最基础材料之一，这一类补土对于人物模型来说格外重要。

　　总体来讲，一共有两种类型的补土，传统的丙酮基补土，以及如今更新型的丙烯酸补土，后者可以简单地用水进行稀释，并且相比传统的丙酮基补土，其干燥后收缩更少。

　　它是用来填补拼接缝的最佳材料，可以直接从瓶子里挤出来就用，用抹刀直接涂抹，或者用特定的稀释剂（丙酮或者水）进行稀释后用笔刷涂抹即可。如何使用取决于拼接缝有多大，以及你想要达到什么样的效果。

　　在喷底漆之前应确保补土已经完全干燥。它们打磨起来非常简单，不费什么事就可以让拼接处消失得无影无踪，看不出任何瑕疵。

AB补土

　　AB补土是另一种在制作人物模型时会用到的基础材料。它们可以用来填补较大的缝隙，但是其最主要的用途，是用来进行塑形和雕刻。

　　它们的包装里包含两个分开包装的部分，必须要组合在一起才能使用。按照50：50或厂商标明的比例进行混合，然后揉搓至混合均匀便可以使用了。

　　当使用它们填缝的时候并不需要任何特定的工具。但是如果我们想用它们对模型进行修正，或者对已有的人物零件进行塑形，甚至用它们来自制零件或人物模型，那我们就需要特定的塑形工具了，比如我们在上一节里提到的各类工具。

　　在使用后，等待一段时间直到其完全干燥，便可以轻易对其进行打磨直到得到自己想要的效果了。

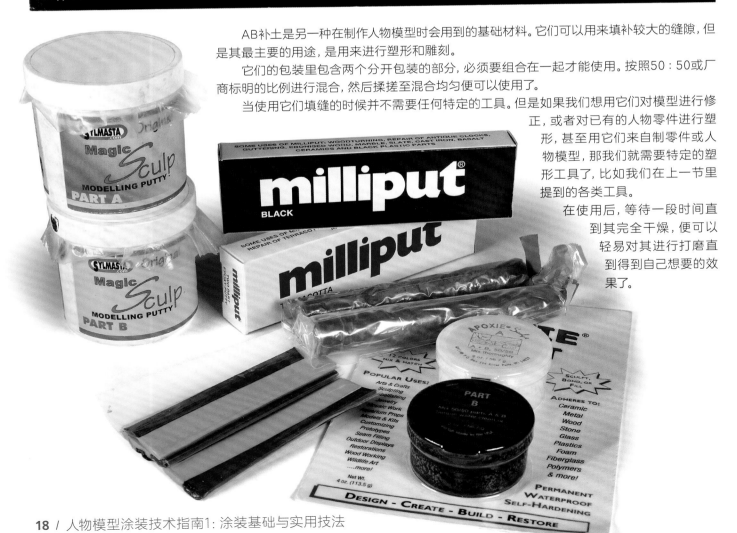

橡胶刷

在处理补土或者是做其他塑形工作的时候，我们会用得上这种有各种不同形状硅胶头的笔刷。它们非常适合用来给各种不同的补土进行塑形。橡胶刷最主要的特色是笔头不会粘到补土上，并且软质的笔头可以更舒服地进行雕塑工作。

不同颜色的硅胶笔头代表着不同的刚性和柔性。

一般来说白色代表着更柔，黑色代表着更硬。

其他

还有很多其他非常有用的工具和材料可以用来改善我们的人物模型，我们会在之后更深入地展开，比如塑料膜，可以用来制作皮带和横幅的锡或其他软金属板，以及用来制作纽扣或其他细节的蚀刻片。

第二章
开工前须知

• 如何选择人物模型

• 工作区域

• 涂装前模型的修复处理

一、如何选择人物模型

尽管经验并不是我们选择下一个人物模型时需要考虑的基本因素，但提前考虑一些问题还是很好的，它们可以帮助我们做出选择。

在开始之前，我们要考虑比例。无论我们是经验丰富或是十足的新手，模型的大小都很重要。也许我们先入为主地认为比例越大，制作难度越低，但这并不完全正确。照这个逻辑，我们还可以认为，尺寸越小，上色所需的细节以及操作的复杂程度就越低。这些说法都不完全正确。

的确，比例越小，在造型层面上可以忽略的细节就越多，所以涂小比例模型就可以不那么复杂。其实模型制作者的能力、洞察力以及所用的工具，才是决定性的因素，直接影响最终成品的质量。不存在的东西，就用颜色来模拟。

随着模型比例的增大，细节会变明显，通常意味着更好上色，但同时也会增加工作量，比如高光和阴影部分。另外，尺寸越大，缺点越容易被察觉，所以更需要我们的技术以及对色彩、调色的理解。我们尽量面面俱到，发挥出尽可能高的水平。有些比例确实是"黄金"级别的，它们是最有经验的模型制作者的最爱，因此制造商最爱生产这类产品。其中包括那些最常用于场景的比例，如1：35和1：72。以及它们的近亲54毫米和28毫米的人物模型。另外值得一提的是1:24模型，它们在民用车辆模型爱好者中更为普遍使用，对应的尺寸是75毫米。最后提一句，人物模型爱好者独有的比例，其中包括90毫米和120毫米甚至更大的1：16、1：10和1：9，用来制作胸像非常合适。

另一个重要因素是材料。也就是说，我们对金属、塑料或树脂的操作是不一样的，根据材料的不同，我们需要选择特定的工具和方法。

首先，我们应该考虑材料的成分和硬度，这将决定你在打磨和组装人物时，所选用的工具和黏合剂。比如塑料和树脂的模型不需要用很大力气就能组装，但金属就需要一些特殊技巧。如果我们考虑材料

的话，尺寸也很重要。假设有一个由塑料或树脂制成的骑马人物，其重量远不及材料为金属的模型。

其次，在上色时使用的方法，根据模型材料的不同也有所不同，特别是在打底阶段更是如此。我们可以找到适用于金属的特殊底漆，因为金属有着比其他材料更为细小的气孔，上漆前需要更充足的准备，让颜料得以更好地附着在底漆上。

最后就板件的质量而言，总是取决于每个零件的材料和制造方法。我们发现注射塑料的质量，不同于铸造树脂和金属，更不同于最新的建模或3D打印成品。由于注塑的原因，不可避免地会产生细小的飞边和合模线，这些都必须耐心地打磨干净，然后再开始上底漆并喷涂。

选择一款模型并不是一个简单的过程，我们要理性选择。主题非常重要，正如优质的材料和最终的完成度一样，选好主题也是做好模型的关键一步。

虽然我们可以用颜料糟蹋一套高质量的模型，但我们肯定无法用一套质量差的模型创造出特别的作品。不要相信奇迹。

在模型创作时，我们可以使用传统的方法和工具，如金属臂架和打上多层的补土，以获得最终的外观和形态。如今，有更现代的方法用于设计成品，比如3D软件。我们可以通过数字打印帮助作品成型。

二、工作区域

1. 如何准备工作区域

尽管你可以在一个较小的空间里进行人物模型的制作，但留出一个充足的空间摆放工作台，舒舒服服地进行模型制作，这一点永不会错。

狭小的工作区域会限制我们摆放常用的工具和颜料。我们的大把时间在整理混乱的桌面时会白白浪费。只因为工作台过于拥挤，我们在不停地寻找和替换所需的工具和颜料。

为了舒适地工作，得让你的工作区域保持一定的秩序。在组装或给人物上色的过程中，所有必要的工具都放在手边（以避免在寻找工具和颜料时浪费时间），准备出平均约1平方米的空间是最理想的。

更充足的工作空间绝不会是坏事。实际上，工作空间肯定越大越好。然而，我们也经常会看到模型制作者缩在一个大桌子的某个堆满了工具、书籍以及其他辅料的小角落里做他的模型。

随着工作的进行，肯定会用到各种各样的工具，最好的办法就是在完成这一步或者一阶段之前都把它们放在手边。不管是拼装工具，还是上色工具。不然的话，经常会出现刚把工具收起来就发现还要用的情况。

布置我们堆放和拼装模型的桌面时，最先考虑的就是舒适，并且手旁常备所有需要的东西。

随着上色工作的进行，桌子会被工具和颜料填满，所以不要忘了随时收拾，以避免出现意外。

在满是漆罐和板件的桌子上，不可避免地会碰到漆罐然后弄脏了一切，所以根据情况用纸或纸板覆盖住一些东西是个好方法，完成模型后丢弃就好。

2. 选择哪种灯光是最合适的

照明非常重要，特别是在为我们的模型上色时。光线不足会对我们的视力造成损害，而在光线不足的情况下工作，对我们的模型来说则是灾难性的。

如果有可能，我们应该尽量有多个光源以避免阴影。如果你不得不选择单一的光源，最好是位于正上方。如果由于各种的原因而不能这样放置，那么左利手的人应该把光源置于右手斜上方45度，而右利手的人也置于同样的角度，但放在左手边。这样，我们就可以防止握着毛笔（或其他工具）的手在模型或人物身上投下阴影。

另一个重要的因素是灯光的类型，因为它直接影响到我们对色彩的感知。在选择灯光的类型时，我们真正要讨论的是灯光的色温，其单位是K。

如果我们在一个颜色太暖的光源下工作（比如3000~4000K），它将发出略带黄色的光。这可能会导致红色和黄色的失真。它们在自然光下出现时会比它们应该有的色彩更强烈。

另一方面，如果我们在一个太冷的光源（比如6000~7000K）下上色，因为它发出偏蓝的光，在自然光下看，白色和蓝色的色调将会失真。

最优的解决办法是使用中间光源（4000~6000K），因为它发出的是中性光，既不是暖光也不是冷光，我们对颜色的感觉不会因光源而变化。这种类型的光源发出的光与自然光非常相似。事实上，它们被称为"日光灯泡"，因为它们与太阳光很相似。

正如Sheperd Paine在他的人物涂装书中告诫我们的，如果一个模型在阳光下和在我们的工作台上显示出明显的颜色差异，那么就是我们的照明系统出了问题。

三、涂装前模型的修复处理

人物模型的准备工作可能是组装阶段最枯燥和重复的工作之一，但它仍然是必不可少的。

人物模型可能没有其他模型那样复杂的组装过程，如飞机、战车或船舶，但这并不意味着我们应该在拼装的时候降低警惕性。一个错误的决定或者一个被遗漏的细节，最终都可能破坏成品的完整性。

在准备、组装、填补和打磨人物模型时，必须要做到表面非常干净，以便全身心投入之后的上色阶段。

根据材料的类型：塑料、树脂或金属，我们会发现特有的推出孔和注塑痕迹，我们必须根据实际情况去除或填补这些痕迹，以及消除毛边和接缝，使人物呈现出抛光或光滑的表面，然后再开始打底漆并进行随后的上色过程。

由于模具的错误定位或不正确的调整，塑料模型上可能会出现瑕疵，常见的是在塑料上沿着合模线出现的凸起。我们必须用笔刀和锉刀小心翼翼地切除这些地方，以免失去任何表面上的细节。

合模线是在注塑或铸造成型之时产生的多余材料，或许是由模具本身的缺陷产生的。不管是什么原因，模型上都会出现多余的线条或斑痕，我们必须将其去除。首先，我们必须非常仔细地检查整个模型，发现所有可见的问题。

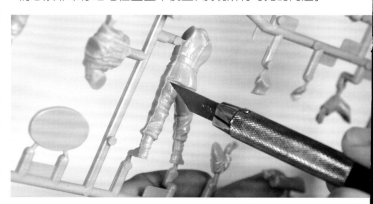

1

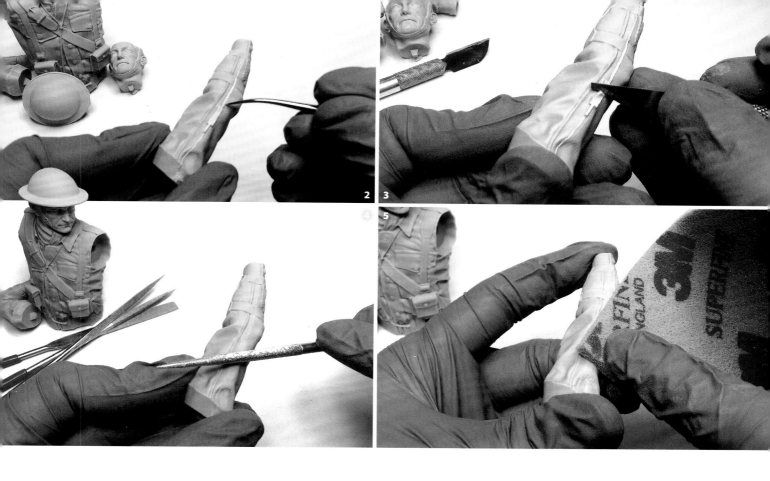

接下来，用锋利的笔刀非常小心地去除多余的部分，但要避免损坏作品。用一把细锉刀，小心地去除任何不需要的余料，完全刮除合模线和其他瑕疵。最后，用细目打磨棒或砂纸将该区域磨平，直到完全抛光，不留下任何不该留的痕迹（见图1至图5）。

有时人物模型会带有注塑过程留下的多余部分，这些是材料进入模具的人工痕迹。在这种情况下，我们可以用剪钳将这些多余的材料与模型板件分开，然后用笔刀去除。这个过程要非常小心，不要损坏模型（见图6至图8）。

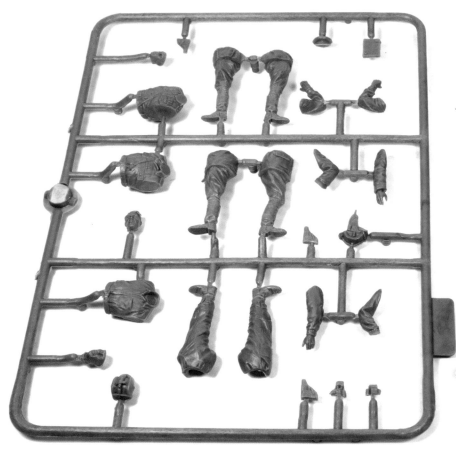

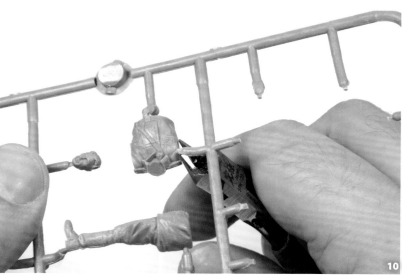

注塑模型的板件通常被固定在一个框架上，称为"流道"。

我们需要做的第一件事，是用剪钳将每一块板件从水口上分离出来，在剪开时要保持一定的距离，不要太靠近板件，以免造成损坏。

最后，用笔刀把剩余的不属于该板件的部分去除（见图9至图11）。

无论我们人物模型的材料或大小如何，打桩都对制作人物模型很有帮助。它们不仅可以帮助固定和黏合支撑面小的部件，而且这种方法将保证整个模型在上色过程中以及之后它们去比赛和展览时的安全。我们可以使用任何适当粗细的金属丝来固定需要黏合的部件。用与打桩棒直径相同的钻头打一个合适的孔后，就可以将打桩棒插入板件。然后，使用适合该材料的黏合剂，将其插入另一个孔中，将零件固定住（见图12至图21）。

我应该完全组装人物模型吗？

不总是这样。有些板件最好单独上色，太早组合只会妨碍上色。举个例子：在为脸部上色的时候必须考虑到头盔或帽子，这样才能知道哪里需要添加高光和阴影。我们将在本书后面的章节中具体讲解。

重要的是将它们放置在手柄上或用胶带固定，以便在总装之前不要碰到这些部位。

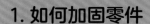

1. 如何加固零件

　　除了使用打桩棒来加固关节外，一些人物模型还需要类似的加固方法将它们固定在底座上，以便完成后可以在上色或展示时轻松地操作。

　　目前，市面上的半身像不再是简单的半身胸像或头部模型，市面上也出现了大量从腰部截断（有时甚至低于腰部）的人物模型。因此，它们需要手工组装。除了加固不同的部分之外，在可能的情况下，将各个部分分别上漆再拼装是一个很好的选择，因为这样方便我们把握所有的角度，而且不会破坏已经完成的工作（见图1）。

　　我们可以锯一段金属板插在金属人物模型底座上作为打桩棒，也可以用黄铜或钢杆代替，因为这些材质的金属能更好地固定住模型。最好在人物的脚跟处开一个洞，垂直向上穿过腿部。根据比例和作品的类型，控制好钻孔的深浅。打桩棒的直径则取决于作品的重量和它的高度。固定在底座上的部分也要尽可能地深。孔的直径要钻到刚好合适，不能有空隙，所以我们必须找到一个直径合适的钻头，这样打桩棒才能很好地受力。准备阶段结束时，要把人物固定在一个支架上，防止我们在之后的上色阶段用手误碰到模型（见图2）。

　　还有，这种类型的半身像需要牢固地固定在底座上。固定桩也得兼顾美观，因为它将是清晰可见的。我们通常会使用铜棒，无论是在人物上还是在底座上，钻直并不容易，因此可以使用两根打桩棒。为此，我们可以在人物底部钻孔，并插入这两根粗打桩棒（见图3）。

　　切出一快苯乙烯胶板并将打桩棒锤入其中，使其成为一个牢固的底座。圆盘的位置将取决于底座是垂直还是切成一个角度（后者广泛用于半身像）（见图4）。

　　接下来用补土覆盖整个打桩棒，根据个人的喜好，将其塑造成圆柱体或圆台。当补土干了之后，我们可以用砂纸打磨，以获得完美的效果（见图5）。

　　这样做能够大大方便我们把半身像的板件都单独喷漆上色完毕再进行总装（见图6）。

2. 补缺填缝和修正

不是每套模型的板件都是完美的。偶尔我们也需要修正不完美的地方，从而方便我们组装之后要涂色的模型。可以用刮刀或笔刀将补土涂在缝隙中，然后用橡胶刷将表面刷平。一个合乎逻辑的工作方法是将主要零件粘在一起，在开始上色之前完全拼接好。如果有任何板件需要单独上色，必须提前找到解决方案，这样在人物上色后不需要再填充补土（例如，需要隐藏背包或其他配件和人物之间的缝隙）。

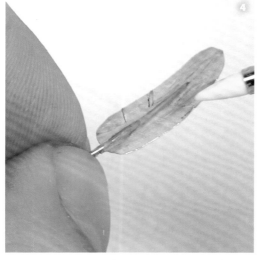

当我们组装人物模型零件时，结果并不总是完美的，零件之间可能会有间隙和其他不需要的地方。这通常与模型的质量有关，质量越高，板件之间的组合度越好。为了修正这一点，我们需要用补土来填补这些缝隙。当补土凝固后，(按照制造商的说明)我们需要打磨这些区域，来让填补的痕迹不那么显眼。最后，我们应该用酒精清洗表面（见图1至图3）。

如果在这个阶段有必要纠正或改进任何细节，我们必须赶在上色之前就用补土来填充（见图4）。

3. 瑕疵位置的重塑

即使是质量最上乘的模型也有改进空间。我想在这个苏族印第安人的胸像上增加更多的细节：使他的脸更显苍老，更有典型的美国本土特色（见图1和图2）。

我找到了一些19世纪真实的美国原住民照片作为参考。我并没有试图复刻这张图片，只是为了捕捉到其外观的特点（见图3）。

我用铣刀抠出空洞，把眼睛替换成塑料球（见图4）。

我想重新雕刻脸部的大部分，但首先必须去除所有的浮雕细节，因为它可能会影响雕刻。我用铣刀将其去除，同时将鼻子削薄。铣刀会在表面留下一些粗糙的痕迹，要用造型刀打磨平整（见图5）。

接下来，我混合了一些田宫快速硬化型AB补土，在眼窝里填放了小块补土来固定塑料球。用来雕刻的不可替代的通用工具是橡胶雕刀。补土很黏，我们需要用润滑剂来使雕刻工具时刻保持干净，也可以用凡士林来处理（见图6）。

然后等待补土硬化。最好用坚硬的材料做眼球，因为当雕刻眼睑和眉毛时，它们可能会变形。对于精致的细节，最好使用针作为雕刻工具（见图7）。

下一步是雕刻嘴部。我抹上的补土看起来比较粗糙，所以稍微用雕刻工具打磨了一下。此外，我还需要在补土和模型之间进行平滑过渡。这时候，酒精就派上用场了。98度的酒精能溶解任何双组分混合式补土，使其变得非常柔软。这使得补土和模型之间的边界变得非常平滑，看不出两种材料的分界线（见图8）。

完成主体结构后，我就开始修整嘴部的形状，使嘴唇轮廓更加清晰（见图9）。

我把鼻子的剩余部分作为底，在上面涂抹补土，使鼻子变大。如果不留这层底，就很难加厚并雕刻鼻子，因为腻子本身太软了（见图10）。

把鼻孔做得更细一点（见图11）。

接下来，我做了更清晰的鼻翼（见图12）。

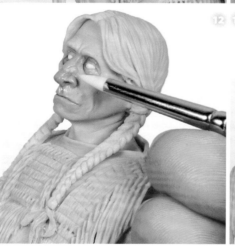

我参照照片里苏族印第安人的眉毛，把模型的眉头做大了一些（见图13）。

最后，雕刻的是突出的颧骨，脸部看起来会更宽（见图14和图15）。

脸部的重塑工作完成（见图16）。

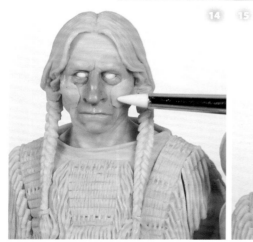

我把羽毛粘在头上，在连接点的地方上填补了部分头发。

我在管子上钻了几个孔并往里塞入铁丝。我把"翅膀"和用补土雕刻出来的头发粘在连接点上。

模型已经完成，可以上色了。

4. 上水补土前是否需要进行零件表面的清洗

完成打磨和抛光后，准备阶段结束。人物模型要固定在支架上，这么做有助于避免上色阶段的误触。

在水中用刷子清理模型，这点非常重要。零件在生产过程中可能会附着一种油腻的脱模剂，这是上色时最大的敌人。

有些材料比其他材料具有更大的附着力，颜料也是如此，其黏合特性取决于其成分。人物模型的表面通常是低"附着力"的抛光表面，建议在开始上色之前涂上底漆。对于一些模型玩家来说，这一步并不是完全必要的，他们会直接进入上色阶段。如果模型有一定可动性，即使是最低限度的，我们也建议使用底漆，因为摩擦和磕碰会在任何阶段损坏漆膜。

底漆与普通颜料不一样，它具有更强的附着力和抗摩擦性，并通过充当人物表面和普通油漆之间的中间层，使涂在上面的漆料更加坚固。它通常由聚碳酸酯或聚氨酯组成，用刷子、喷枪或喷罐就可以完成工作。

给人物模型上底漆有三个好处。

（1）使颜料更好地附着在人物模型上。这将有助于颜料依附在我们的模型上，并为上色过程提供一个坚实的表面。

（2）检查拼装过程中的错误。这种油漆的密度比普通油漆高，会覆盖住人物的小孔（特别是在树脂和金属上的），从而提供一个更平滑的表面。如果表面没有完全清洁或抛光，我们便可以清楚地看到不规则的地方。使用底漆后，它们变得非常容易被发现，这将有助于我们的修补工作。

（3）统一底色。在许多情况下，我们的模型包含由不同材料（金属、树脂等）制成的板件。在预处理过程中，我们会添加其他材料，如补土、蚀刻件等。一层好的底漆可以统一各材料的颜色。

底漆帮助我们实现单一的初始颜色，使上色过程变得更容易。底漆还可以帮助我们创造第一层阴影，这道工序也被称作"预制阴影"。顾名思义，它包括通过在深色上使用浅色来模拟光线的自然下落。这一技术也同样应用于其他类型的模型上。在上底漆的过程中使用这种技术，除了给我们提供人物模型的光照效果外，还可以帮助我们在光照和阴影区域都获得更好的效果。在打底过程中，我们可以使用不同的工具（毛笔、喷笔、喷罐等），我们也可以为这个起始层选择不同的颜色，根据所选择的色调达到不同的效果。

（1）中性底漆：使用灰色底漆可以提供一个中性的初始颜色。这是一种通用型的底漆，可以用于任何类型的人物模型。它非常适用于同时包含多种元素的板件，如皮革、织物、武器等。

（2）白色底漆：这种颜色将为我们的人物提供大量的高光。当使用这种颜色的底漆时，它们将提高人物模型的亮度，非常适用于衣服中含有大量布料的人物，如大衣或外衣。它也非常适用于以白色为主色调的人物模型。

（3）黑色底漆：由于没有高光，黑色会使颜色失去亮度，而会在阴影的轮廓和照明不足的地方提供更多的暗部。它是涂装含有许多金属部件的人物的理想选择，如盔甲、锁子甲等。

在一些人物模型身上，当所使用的技术以罩染的形式一层一层叠加的时候，其色彩的鲜艳程度，或其暗淡的外表，都是由底漆的颜色决定的。

第三章
色 彩

- 色彩的概念

- 混色

一、色彩的概念

一个人物模型的表现力和力量感很大程度上取决于色彩。从心理层面上看来，一个人物模型能够通过使用的颜色向我们传递不同的情感。人物模型的涂装有时会受到历史条件的限制，但总是能留出其他一些方面让制作者自行选择，正是这些因素改变了制作者在选择色调时对人物的感知。

当我们在调色板上调色时，不应该心存恐惧，一旦我们获得了足够的技能和经验，将几乎能够靠着本能进行涂装。

在调色板上，我们可以将高光、基本色和阴影对齐分列，这样在使用时才能方便地进行色彩的控制。

在落笔之前，我们应当自问"这到底是亮部，还是暗部？"。

冷色调可以传达平静的情绪，而暖色调则能够赋予力量。在两者之间，我们可以发掘很多感觉。涂装者手中的调色板也是一种表达情感和特定时刻的工具，能够表达黑暗或光明，表达一天中的某个时间、季节，或地点。

在本章中，我们不会在其他模型和艺术手册中可以找到的色彩理论上花费笔墨，而要将重心放在色彩之间的相互影响上。

光之所以能够被看到是因为它具有粒子和波两种特性，这就是所谓的波粒二象性。我们将在第四章中依照粒子、阴影、高光、体积和色调分别进行讨论，所以本章只探讨它的光波特性，这种特性决定了可见光的颜色。

所有的射线都有波长，但我们只能看到波长在380~780nm的光，也就是可见光谱。

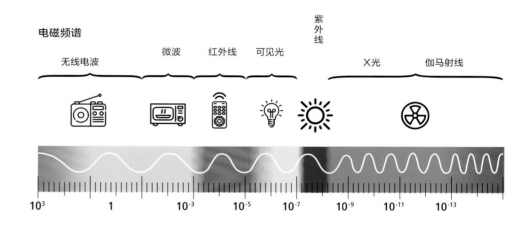

我们能看到周围的物体是因为它们能够反射光线。所以从技术上来说，我们看到的是物体表面的反射光，无论是反射阳光还是其他光源都是一样的。阳光是白色的，而白光包含可见光谱的所有波长。通过使用棱镜可以分离白光，这样我们就可以看到完整的光谱，也就是彩虹。

白光是所有颜色的光的混合产物。大家或许都听说过RGB，这是一种建立在人类视觉基础上的光混合方法。R代表红色，G代表绿色，B代表蓝色。将这些主色的光进行混合，就可以得出间色（次生色），而将这三种主色叠加在一起就能产生白光。

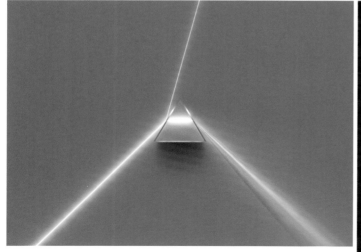

如果光是白色的，那我们怎么能看到各种不同的颜色呢？这是因为不同的表面无法反射所有波长的光。红色表面只能够反射波长为620~770nm的光波，橙色为580~620nm，蓝色则为440~480nm，等等。这些都是物理学的概念，我将在后续章节再进行详述。那么颜料又是什么呢？它是无色溶媒和色粉的混合物，只会反射白光中特定颜色的光。

我们可以给一个红苹果涂上绿色颜料，那么它的表面就只会反射白光中的绿光。当我们操作颜料时，重要的是理解如何模仿反射光的颜色。接下来我将讨论色粉，它们有自己独特的物理特性。这里不得不提到CMYK——也就是印刷四色模式，它使用的是色料的三原色混色原理，再加上黑色共计四色，混合叠加后就能完成全彩印刷。C代表青色，M代表品红，Y代表黄色，K则是英文黑色（black）的最后一个字母。

1. 色相

色相是一种颜色的主要属性（称为颜色外观参数）之一。它是颜色在不同程度上的纯净状态，没有混入白色或黑色。

右图显示了墨水在白纸上的表现。在涂装中，我们并非使用真实的光源和反射，而是在制造一种视错觉：模拟一种依赖于假想光源的反射光。我们改变的是表面颜色的性质，而不是光的性质和表面的材质。

传统上，色谱有七种颜色：红、橙、黄、绿、青、靛、紫。每个人都能看到彩虹的七种颜色，这些就是构成白光的可见颜色。在绘画中，这种属性也被称为"色相"。

（1）原色：红色、黄色和青色。
（2）二阶色：由两种原色混合而成的颜色。
（3）三阶色：由原色和二阶色混合而成的颜色。
（4）互补色：在色轮上相互对立的颜色。

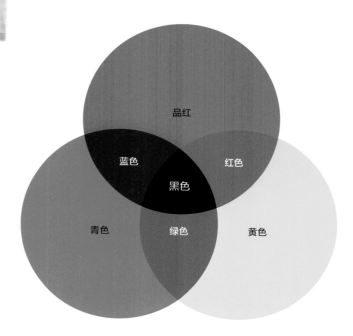

色相

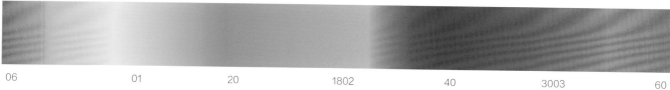

| 06 | 01 | 20 | 1802 | 40 | 3003 | 60 |

复虹

色相是在色谱中从红到紫之间的颜色。

如你所见，这个刻度的起点和终点都是红色的，所以严格来说它是一个闭环。当你看到彩虹时，它以红色开始，以紫色结束。但有时，几条彩虹同时出现，看起来就会像光谱的几次连续重复。

2. 饱和度

特定色调的生动感或强度，或该色调的缺乏（灰度的多少）程度，我们称之为饱和度。当涉及人物模型的涂装时，这是一个非常重要的概念。

一种颜色可以用多种方式呈现饱和或不饱和的状态。

（1）添加白色：饱和并增加亮度。

（2）添加黑色：不饱和并减少亮度。

（3）添加灰色：不饱和。

（4）添加互补色：不饱和。

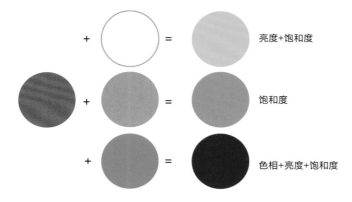

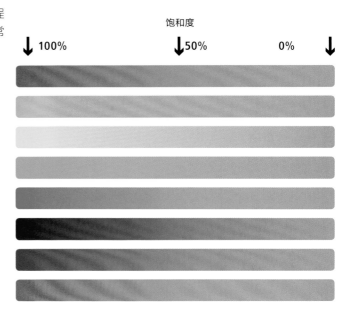

饱和度

这项属性显示了灰色对色彩的影响。

不饱和的颜色看起来就没有那么清澈和娇艳了。这里我将使用品红作为红色和紫色之间的连接进行区分。互补色的混合会生成不饱和的颜色。

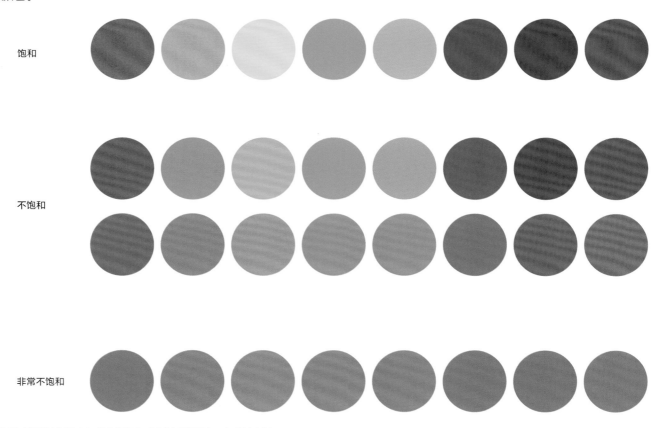

3. 亮度

亮度, 也叫明度, 表示一种颜色和黑、白相比的亮暗程度。

这是在色调内的色阶, 反映的是明暗及反射白光的能力。改变色彩的明暗只需添加白色或黑色即可。

较深　　　　　　　　较浅

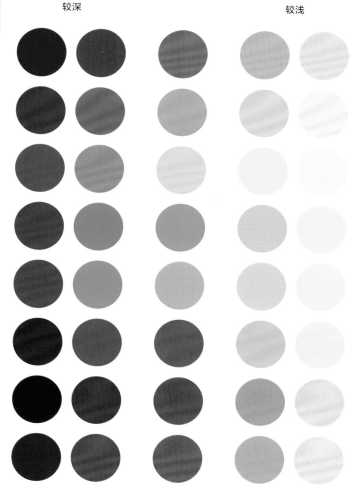

饱和度

↓100%　　　　↓50%　　　　0% ↓

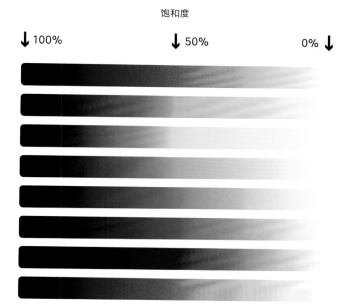

我们可以通过这三种属性标记任何颜色。例如在图形编辑器中, 您可以选择色调、降低饱和度、保持不变、更改亮度, 从而创造出任何颜色。

(1) 色相

(2) 饱和度

(3) 亮度

4. 色温

另一个用来描述颜色的术语是色温。我们可以有条件地将整个色谱分成暖色和冷色两部分。

红、橙、黄和黄绿都可以称为暖色；绿、蓝、靛蓝、紫罗兰和品红则为冷色。

色温——右图显示了每种颜色在色谱中的位置：是在暖区还是在冷区。此外，两种颜色还可以根据色温进行比较。在右图中，我展示的是仅取决于色调的色温。

下面是不同饱和度和亮度的颜色。

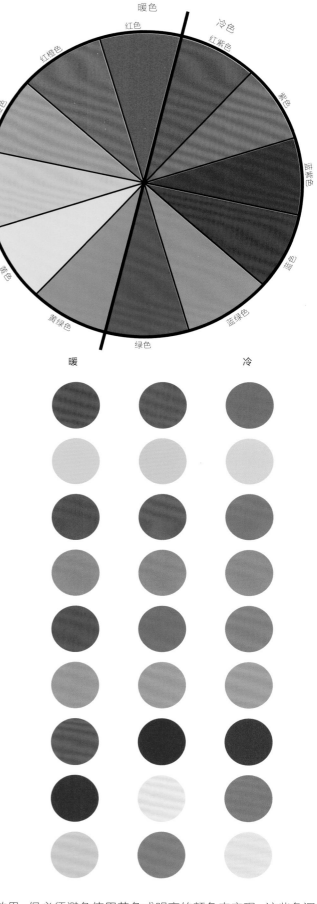

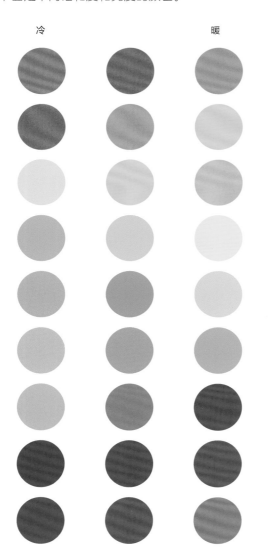

为人物模型增添对比和色彩深度

为了凸显一块区域并增加对比度，我们需要用颜色来提亮其他部位并定义其阴影区域。蓝色、棕色和黑色可以帮助我们达到这种

效果，但必须避免使用黄色或明亮的颜色来实现。这些色调通常和渗墨线与渍洗使用的颜色相同，它们都能够提供色彩深度及确认色彩对比。

我们可以找到最暖和最冷的色相，它们位于色谱圈的相对两侧。最暖的颜色是红橙色，最冷的是蓝绿色。无须多言，最不饱和的颜色是任何亮度的中性灰色调。它们没有任何色彩，介于黑白之间。但即使这种中性灰色调也可以看起来温暖或寒冷，这取决于与其他颜色的对比。

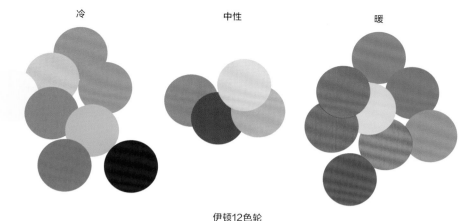

冷　　　中性　　　暖

伊顿12色轮

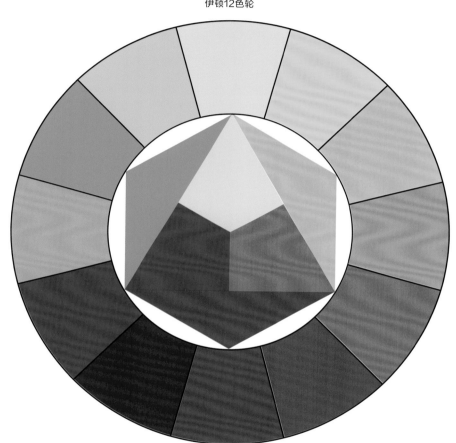

在后面的章节中，我们将经常使用这些术语：亮度、对比度、暖色或冷色、饱和度。这将有助于解释颜色之间的差异。在讨论颜色时，绝对有必要提及约翰内斯·伊顿的色轮。这种颜色分类系统能够帮助我们为涂装和设计寻找一种优秀的色彩组合。

这个色轮包含内三角中的三种原色：红、蓝、黄。由三原色叠加形成的二阶色形成六边形：红+蓝得出紫色，蓝+黄得出绿色，黄+红得出橙色。三阶色则位于12个扇区构成的外圈。如果我们将原色和二阶色混合叠加，就可以得到这些三阶色。此处必须讲明，这套系统只是一种理论，适用于绝对理想的颜色，而非适用于我们的涂料和旧化土。但这个色轮就像一块试验田，能够很好地帮助我们找到色彩组合。

我们还应该提到色轮的另一个主要概念：互补色。这些颜色位于色轮的相对两侧，三对互补色分别是：红和绿、橙和蓝、黄和紫。如果排列在一起，它们会增加彼此的饱和度，如果把它们混合在一起，则会相互中和并降低饱和度，结果就是得到灰色。作品的色彩构成可以基于这些互补的组合来实现，我们将在后面的章节中详细讨论。

互补色

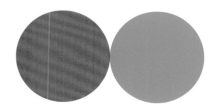
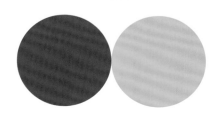

这个Aeringunr胸像像被温暖的夕阳照
耀着。前面是黄橙色的伽马射线,后面则是
一个发光的传送门投射出的蓝光。

这尊罗马护民官的胸像就是互补色的典范。
靛蓝色的披风和羽毛搭配着橙粉色的铜质铠甲。

被冷青色和暖红色两种光源照
亮的赛博朋克胸像。

这是同一款胸像的三种色彩组合,通过成品可以清楚地看到,它们传达出的信息是截然不
同的。

AlfonsoGiraldes。
私人收藏。
F.Javier Hernández。

颜色的组合也称为调和，它可以包括两种以上的主色。

经典三元组就是红蓝黄。

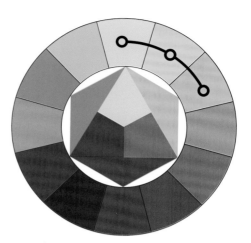

相似三元组包含了三种相近的颜色。

这个名为"寂静"的胸像用的是温暖的黄橙色调。

色彩计算器

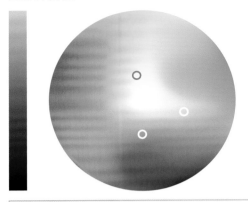

另一种三元组是由低饱和度的分离互补色构成的。

（1）选择一种颜色　 #b59775

（2）选择一种调和方式　

（3）查看结果　#73598c　#72aeb0

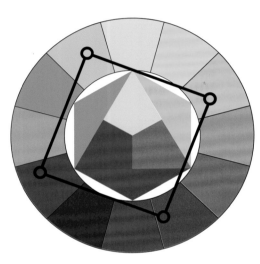

这个28毫米的"亡灵向导"完全使用了之前提及的三元组套色。

一套四元组包含四种不同颜色。在一个经典的四元组中，所有四种颜色都是等距的。一套四元组可以有不同的色彩比例。

色彩计算器

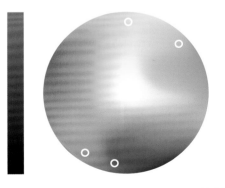

（1）选择一种颜色　#ff32ee

（2）选择一种调和方式　

（3）查看结果　#c02dff　#a6ff21　#ffd727

在
历史人物模型
涂装中，颜色的选择会
受到历史真实性的限制，
但奇幻或科幻模型的颜色
选择就可以任我们自由
发挥。

总之，我们还是得指出，伊顿的色轮只适用于色谱中存在的绝对色彩。如果我们尝试混合红色和蓝色颜料，可能无法得到标准的紫色，真正得到的颜色将是棕色的。红色和黄色，或黄色和蓝色也是如此：混合的色相不会是绝对纯净的。因此，我们最好使用已经配成所需色相的颜料。由于我们使用的是实物，比如墨水和白纸，所以CMYK模型更类似于绘画。稍后我们将详细讨论如何准确地混合颜料，以获得所需的颜色。

颜料本身的内在特性,如质量及混合后获得不同色调和过渡的能力,将显著影响最终的成品效果。

色彩的奥秘不仅在于理论,还在于画家的直觉:对自然界的元素和人物的经验和观察,让他们能够使用调色板上的颜色来诠释所看到的东西。

寻找一个物体(一扇门、一截木头、一块生锈的招牌,甚至一个人,任何在自然光下有颜色的物体均可),观察构成它的所有色彩。不是所有的人都能以同样的方式理解这一点。试着描述这些色调,再将其转移到调色板上,在纸上进行模拟。如果您能做到这一点,就算是理解这一章节的内容了。

一旦一名观察者在寻找色调,他就能看到由于光影在脸部或任何物体上的入射而产生的无限细微差别。在这种情况下,我们可以从面部和胡须中辨识出许多色调,只有其中一些可以用彩色的圆圈来识别。即使是在一天的不同时间,同一种颜色的过渡在阳光下也是不同的。在这个例子中,只有少数颜色被指认出来。这仅仅是一张照片,而在现实中,我们可以感知到更多。这并不意味着我们在涂装

一个人物时需要所有这些颜色。这么小的比例意味着我们没有必要将视觉上所见的细微差别产生的海量色调全部表现出来。当然我们也没有必要购买同一系列中的所有颜色,因为通过混色,我们可以在一个人物模型中实现大部分的颜色过渡。这一点我们将在下一章中详细解读。

涂装的另一项重要因素是保持一致性。颜料不应该太厚，那样笔触就无法流动，漆面也会显得很粗糙；相反，它必须被稀释到淡奶般的浓度才行。我们不应该用一层漆膜覆盖一片区域，必须使用多层叠加的方式完全掌控整个过程，直到所需的色调出现才是正确的。如果颜料过稀，可以让它在调色板上多待一段时间，让溶剂蒸发一些，从而获得合适的稠度（不应该从瓶中直接取用颜料）。大家一定要记得摇晃颜料瓶，因为色粉和混合物中较重的物质很容易沉淀到瓶底，需要摇匀才能使用。最先进的颜料包含了某些化学成分，可以最大限度地减少这种分离的现象。

在这一点上我们必须明确两个概念。当我们谈到密度时，指的是重量和它所占据体积之间关系的计量单位（这是一种特性，使得密度较小的油会浮于水面，也就是说，它的单位重量较小）。而黏度则是一种定义材质流动性的物理性质，一种材质越黏，它就越发厚重。

开工时，颜料的黏度会因与空气的接触而变化。如果必要，我们可以加入几滴溶剂来改善。相反地如果颜料过稀，我们可以稍待一段时间，让它具有更大的黏度。或者在混合物中加入更稠的颜漆，直到获得正确的黏度也行。适当的颜料黏度是完成优秀作品的重要一环。

照片中的机器是一个黏度计。厂商在配置颜料的时候必须考虑到该颜料是用于笔涂还是喷涂。选择配方黏度的是生产厂商，但根据自己的需求改变或调整颜料黏度的则是我们这些模型玩家。

如我们所说，色粉、黏合剂、着色剂和树脂的质量对漆面效果的影响甚巨。粗糙的色粉会使成品表面显得粗糙，如果没有混合均匀还容易出现垂纹。例如，最昂贵的油画颜料是那些在机器加工过程中经过最精细加工，再将色粉和黏合剂混合在一起，形成更好糊状物的产品。这些工作时间转化为更高的成本和更高的价格。当然，成本的另一部分来自于高质量的黏合剂和色粉。

其他颜料，无论是丙烯颜料还是珐琅颜料，道理都是一样的。溶剂的质量大相径庭，是否柔顺差别极大。一般来说，美术和模型专用颜料通常质量是最好的，而散装颜漆或建筑行业的颜料质量较差。

我们已经了解了颜色的属性、光谱和伊顿色轮。在这里,我将解释这套理论是如何在实际涂装中发挥作用的。下面我将把这些颜色混合起来,向大家展示理论和实践之间的区别。在这次演示中,我用的是来自Abteilung艺术系列的丙烯颜料。色轮中有三种主要的颜色:原红、原黄和原蓝。这些颜料的色相极佳而纯净。为了改变亮度,我使用了黑色和白色。

首先取用少量的三种主色,通过它们再混出了三种二阶色:橙色、绿色和紫色。这时就可以看到实践和理论之间的第一个区别:原色混合后的紫色看起来不纯,更像棕色。这就是物理,两种浅色的混合,例如红色和蓝色,看起来会比原色要深。请大家牢记这一点,下文还会继续出现。

接着在主色之间创建几种中间色调,形成色谱。

红-黄:整个过渡看起来明亮而清晰。接下来,我们来看看黄色和蓝色之间的过渡。

我们可以看到两种原色之间有六种二阶色。请注意,蓝绿混合色调也会比纯原色略暗。如果我们把它与色谱相比较,在这段中的某个地方一定是青色的。继续进行过渡,这次是在蓝色和红色之间。

这部分包含了更多令人不快的意外状况。用原色混出的紫色看起来又黑又脏,正如我们已经看到的这样。而且色谱中的两种主要颜色:靛蓝色和品红不见了。从这个练习我们可以得出结论,伊顿色轮的三种原色不足以产生色谱中所有可能的纯色:青色、靛蓝色、紫色和品红。如果需要纯净明亮的颜色,最好使用现成的颜料,因为混合色调可能不那么纯净。

黑和白是非常重要的颜色。它们能够帮我们改变色彩的亮度，混合在一起后就变成灰色。

接着在原色中添加黑和白。
首先添加到红色中，可以看到混合后的色彩比红色主色更冷。

黄加黑（黄/黑）。可以看到黄色转变为别的颜色。第一种颜色看起来像黄赭色，但接下来的几种颜色看起来越来越绿。第二和第三种混合色貌似卡其色，第四种则像军事绿，第五种像橄榄黄褐色。不管怎么说，这些颜色看起来都不像深黄色。

黄加白（黄/白）。混合色的色调越来越冷。

另一个奇幻人物的范例。
Borja García。私人收藏。F.Javier Hernández。

蓝加黑。

这里我们仍旧可以看到色调的变化，而不仅仅是亮度的变化。中间色看起来比原色蓝更冷。
下面是蓝加白。

同样，与原色相比，混合色看起来很冷。从所有这些例子中，我们可以得出相同的结论：添加黑色或白色会使所有的色调变得更冷，而最脆弱的原色就是黄色，加入黑色会完全转换成深绿色。此外，混合颜料中的所有颜色都会失去一些饱和度，这是因为原色的浓度降低了。使用黑色和白色的优点是会使混合色变得更不透明，从而增加颜料的覆盖力。总结：三种主要的颜色，加上黑色和白色，不足以复制整个色谱，特别是如果需要最纯和最亮的色调时更是束手无策。

接下来，我们可以看到如何用更广泛的色彩选择来配出更好的色调。这次选择的是Kimera Kolor出品的丙烯基础色套装。这种颜料比普通的丙烯漆具有更高的浓度，因此它们的色调具有最高的饱和度。我们选择了12种颜色来混合配制更加明亮的色调。

从左至右：红、橙、暖黄、冷黄、氧化黄、墨绿、墨蓝、紫罗兰、品红、氧化红、炭黑、白。其中绿色、蓝色和紫色看起来很暗，但当它们与白色混合时，颜色会更好看。

这里的红色调很冷。红-白。

橙色：看起来和红色很接近。随着白色的添加，变得更加饱和及清澈。加入大量白色后，就会变成暖肤色。

Sergio Calvo。
私人收藏。
F.Javier Hernández。

（1）第一种黄色是暖色的，比较接近橙色。如果与白色混合，色调会更加柔和。

（2）第二种黄色颜色较浅，色调较冷。

（3）氧化黄看起来没有黄色那么饱和，让人联想起黄金。随着白色的添加，我们可以得到一种黄沙色。

Victor Vera。
私人收藏。Javier Hernández。

（1）在纯色状态下，绿色是非常暗的，而且还带有冷色调。随着白色的添加，它变得更接近青色。

（2）很深的蓝色添加白色后会变成群青色。

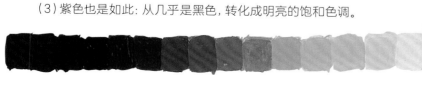

（3）紫色也是如此：从几乎是黑色，转化成明亮的饱和色调。

Enrique Velasco。
私人收藏。Javier Hernández。

品红是一种重要的颜色。不可能从红色和紫色混合得出纯品红，因此在使用的颜料中一定要备有品红色。

氧化红和红色很接近，但它和白色混合后的饱和度较低。这种颜色在调制肤色时非常有用。

IsidroMoñux。私人收藏。F.Javier。Hernández。

黑色和白色毫无疑问是必备的，图中可以看到各种色调的灰色。

紫色和蓝色等纯暗色比由原色或由原色和黑色混合而成的色调具有更好的饱和度。如果需要用到饱和色，建议大家常备这几种颜料。

关于从现有的色彩调出混合色，还有一点值得一提。红色和橙色位于色谱的起始位置，但我们可以通过加上品红色获得更多的红色。

SergioCalvo Rubio。私人收藏。F.Javier。Hernández。

这套红色是被称为朱红的冷红色。如果需要较暖的红色，例如猩红，可以通过添加橙色来实现。

如暗红色这种更冷的红色，我们可以通过混合红色和品红色获得。

可以通过加入白色得到更浅的颜色。

我们之前已经展示过原红从暗到亮的过渡。然而问题在于，当我们需要某一种冷色调或暖色调时，与黑色或白色混合得出的却是更冷的色调。

红色变成粉色，高光看起来会非常冷。所以问题在于，我们如何在整排渐变色中保持色彩的色温？答案是，添加品红色或橙色可以帮助我们调配出正确的色相。

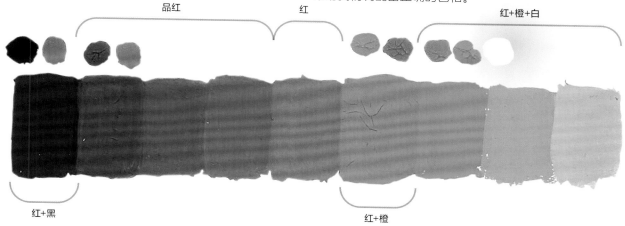

我们之前已经讨论过，红色是一种很饱和的颜色。如果和黑色或白色混合，它的饱和度会降低。因此，深品红色与红色的混合可以给人一种更暗但仍然饱和的色调。混合红色和黑色调出一种最暗的深红色是可行的。如果我们在红色和白色的混合色中加入一点橙色的话，就可以让渐变的浅色部分变暖。

暖红色更接近橙色。没必要直接添加品红色，只需添加更多橙色就可以了。

这里的主要色调是由红色和橙色混合而成的猩红色。阴影包含黑色、红色和一点橙色；第一种高光则包含红色、橙色和白色。最浅的高光部分只包含橙色和白色，原因是这种混合色没有红色的参与，所以看起来显得更暖。

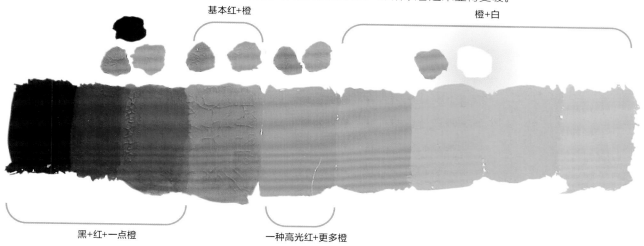

对于较冷的红色调，最好使用红色和品红色来表现。

添加一点白色。这里的品红是阴影色，最暗的色调则是由品红和黑色调配而成的。高光为红色和白色的混合色，这种颜色已经足够冷，所以没有必要再用品红色。

Borja García,
私人收藏，F.Javier
Hernández

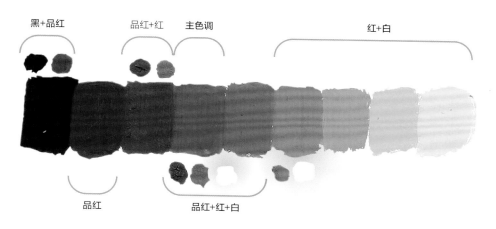

在这个系列中的橙色实际上是红橙色，它在色谱中是最暖的颜色，有时候真是不好判别它到底是偏暖还是偏冷。如果我们混合橙色和黄色，就能得到更浅的偏黄橙色。

橙色也可以由红色和黄色混合而成。这里我们选用的是系列中的暖黄色。请注意，相似的色调可以由不同的方式混合而成。它们看起来可能差不多，但是并排画在一起，我们就可以看到它们存在的些许差异。请记住，如果需要完全复原相同的色调，我们必须使用完全相同的组合。例如，这种橙色是由红色和暖黄色混合而成的。它和之前的色调有相同的亮度，但是色调却有点不同。

在本章的前一节中，我们提到过用于打印机色彩复制系统的CMYK模型。这套模型也适用于丙烯漆。例如，我们可以用品红色和黄色混合调出红色和橙色。在这里，我们看到的是由品红色和冷暖黄色调成的两种红色调。

根据混合色彩的比例不同，我们可以得到一系列从冷到暖的大范围色调。

还有另一套可能用得上的不饱和色彩——棕色。棕色调不是纯色，并没有出现在色谱中。有些不饱和色可以由色谱中的纯色加上灰色或黑色混合而成。如果混合了错误的颜色，有可能会歪打正着地调配出棕色。

例如，我们将互补色混合可以得到灰色，但前提是它们得是绝对的纯色，否则混合色会变成棕色。制作深棕色最简单的方法就是在红色或橙色的基础上加上黑色。这些棕色调都是在红色的基色上混合而得的。

红+一点黑　　　　灰+一点红

红　　　　红+黑　　　　红+一点黑+白

最后一种颜色看起来极度不饱和，而且比其他颜色更冷。这种混合色主要包括灰色，只含了少量一点红色使之呈现出些许色调。

这是另外一套以橙色作为基色的棕色范本。

橙+黑　　　　橙+一点黑+白

橙　　　　橙+一点黑　　　　灰+一点橙

对比之前的套色，这些棕色看起来更暖。

品红色比红色或橙色更冷。和黑色及白色混合后，我们会得到不饱和的紫色调。

品红+黑　　　　　　　　　灰+一点品红

品红+白　　　品红+一点黑+一点白

最后一种混合色看起来像是很冷的灰棕色。

黄色是最难处理的颜色。它非常敏感，即使只添加极少量其他颜色，也会改变其色调，尤其是加入深色的时候变色更加明显。这里我们要讨论三种颜色。暖黄色看起来接近橙色，我们建议用红色或橙色与之混合，从而获得纯净、饱和的色调；冷黄色与绿色的混合很常用；而氧化黄看起来比前两种颜色更暗，饱和度也更低。

黄色很难保持准确的色调，它的混合色很可能与本色大相径庭。此处即使是最少量的黑色添加也会将黄色变成绿色。

加深黄色的最简单方法就是添加氧化黄。

之前渐变色的饱和度都维持得不错，但色阶太短而且缺乏暗色阴影。纯黑色在这里并不适用，它会使混合色流失色相及色温。由于我们要的是留住黄色的暖感，因此需要一种暖色调来调色。我们可以使用由橙色和一点黑色混合而得的暖棕色。

氧化红的饱和度更好，混合后的颜色甚至看起来更暖。这些就是简单的过渡色。

通常我们需要保持一种更复杂的色调范围。由于黄色实在是一种敏感的颜色，因此我们需要在每一步都小心地控制色相，控制色温，控制色彩的变冷或变暖。

*起始的黄色是一种中性色调，也就是黄色出现在白天日光下的状态。

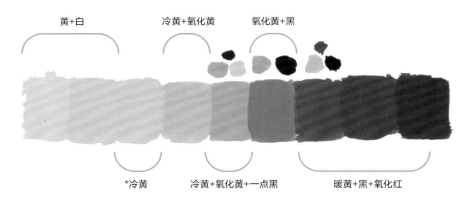

黄+白　　冷黄+氧化黄　　氧化黄+黑

*冷黄　　冷黄+氧化黄+一点黑　　暖黄+黑+氧化红

我们从冷黄开始。高光的做法是添加白色，但阴影就要特别注意了：首先加入一点氧化黄使颜色变深，但并不改变色温。不过下一步变暗的步骤，色彩会开始变暖。这时我们得将色温调节到和上一步相同，使之稍微变冷。为了做到这一点，我们可以加入少量氧化黄并添加一点黑色。将黑色加入黄色会使色相更冷更绿，但较暖的氧

化黄会帮助我们保持正确的平衡。下一步用的是氧化黄和更多黑色，调出的色彩比我们所需的更冷，所以得再加入一点暖色。不过此时的混合色看起来已经很深了，我们不能再加入更多氧化黄，所以加入几滴氧化红将其调成暖黄色。这两种加过黑色的混合色使最暗的阴影色呈现出正确的色温。

另一种需要留意的色调就是暖黄色。

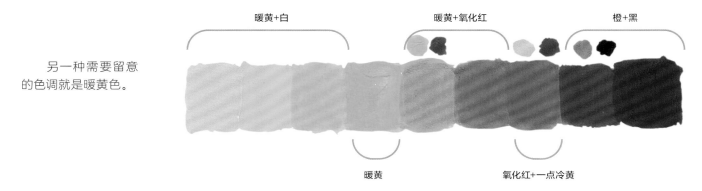

暖黄+白　　暖黄+氧化红　　橙+黑

暖黄　　氧化红+一点冷黄

高光的调制不太成问题：只需添加白色就可以在不改变色温的情况下使色调变淡，但调制阴影时就要格外小心了。经过两个步骤，它就可以通过和少量氧化红的结合使色调变深。

如果混合色中含有过多的氧化红，色调就会变得太红了。使用冷黄色代替暖黄色，可以减少色相中的红色。最后两个步骤是加入橙色和一点黑色。与氧化红相比，橙色更浅，不用担心将色调变为暗红色。

冷黄色的渐变色看起来较冷，而且更接近绿色。我们使用绿色调的黄色作为开始，这种颜色是在冷黄色中加入少许绿色调出来的。

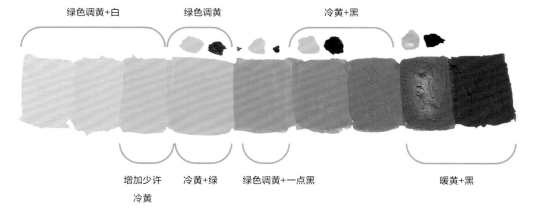

绿色调黄+白　　绿色调黄　　冷黄+黑

增加少许冷黄　　冷黄+绿　　绿色调黄+一点黑　　暖黄+黑

为了使绿色调黄变浅，我们可以加入白色。但一开始的高光显得太绿，所以我们需要改变其色相，这里只需加入极少量冷黄就行了，而且该步骤后调出的几种色温就都是正确的了。黄色的阴影必须有冷感，但我们得非常小心，否则混合色会变成完全的绿色，而且也会太冷。因此我们在绿色调黄中加入一点黑色来实现。当混合色变绿

时，将绿色调改为冷黄色，接下来的两步将它与黑色混合。最后两个步骤又变得太绿了，因此为了保持更温暖的色温，我们用黄色来代替。此时不能用冷黄色，而要用暖黄色来调制最暗的阴影。

橙色的渐变有其特殊性。起始的黄色为橙色加暖黄混合而成。

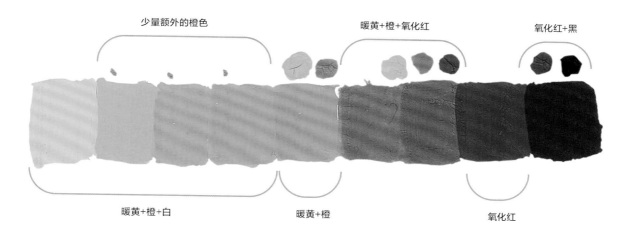

少量额外的橙色

暖黄+橙+氧化红

氧化红+黑

暖黄+橙+白

暖黄+橙

氧化红

　　橙色的高光揭示了一种有趣的特征。如果把橙色和白色混在一起，它的色调就会变黄。因此，除了在这三步中加入白色外，我们还加入了少量的橙色，使混合物再次接近橙色。它的阴影得是暖色的，所以我们可以简单地添加更多氧化红来实现。最暗的阴影则为氧化红和黑色混合而成。

　　诸如卡其色和橄榄黄褐色等军事用色可以通过混合黄色和黑色而得，这种颜色并不饱和，所以我们能够直接加白使之变浅。橄榄绿是用冷黄色和黑色混合而成的，若要得到高光色，直接加白就行了。

偏黄的卡其色为暖黄色和黑色的混合色。

偏棕的卡其色为氧化黄和黑色的混合色。

土色则为橙色加黑色。

Dmitry Fesechko。
私人收藏。F.Javier Hernández。

Antonio Peña。
私人收藏。
F.Javier Hernández。

从黄到绿。KIMERA套色中的绿色太暗,而且色调偏冷且偏蓝。

和黄色混合后,绿色变得更浅更暖。冷黄色能够使我们得到清澈饱和的浅绿色。

暖黄色造就更暖的色调,使我们联想到嫩绿的叶子。

氧化黄混合色有些偏暗,饱和度略低。

加入少量额外的暖色,绿色仍然偏暗,再加入白色仍然具有较好的饱和度。我们可以使用少量橙色和冷黄色使绿色更暖。

橙色和暖黄色这种更暖的混合色能够增加色调的饱和度。

添加更多橙色能使绿色更亮,更接近绿色植物的自然色彩。

Miguel。
私人收藏。
F.Javier ernández。

但如果在混合色中加入偏红的橙色,色调虽说更暖,但饱和度也会随之降低。

之前我们已经谈过互补色。请记住,如果互补色混合,它们会强烈地降低彼此的饱和度。这种橙色色调更接近红色,而红色又是绿色的互补色。看看加入红色后,色彩是如何变化的。

我们会发现最纯的绿色和红色混合会得到中性灰。

请大家牢记，当混合调制暖绿色调时，一定要慎用红色调。

绿+白+一点冷黄　　　　　　绿+冷黄+橙

绿+冷黄

绿色不像黄色那么难搞，但控制混合色调的色温仍然很重要，特别是调制饱和色时更是如此。亮绿色是由绿色和冷黄色混合而成的。

起始的色调是明亮的。这次我们可以使用绿色做练习，这是由于它在套色中的色彩很深。为了维持阴影的温暖色温，我们添加了非常少量的黄色和橙色。高光则是用额外的白色混成的，但白色又会使色调更冷。所以为了恢复更暖的色温，每一步都要添加一点冷黄色。

绿+白+一点暖黄　　　　　　　　　　　　暖黄+黑

暖黄+绿+橙

我们可以用绿色、暖黄和一点橙色调配出暖色调的军用绿色。

这种颜色已经够暗了。最深的阴影可以通过添加额外的黑色来获取，但色调会被改变。我们可以用暖黄色和黑色的混合色来进行，而不是用绿色、橙色和黄色。除了白色以外，高光还需包括少量暖黄色，否则色调就会变得太冷。

SergioCalvo Rubio。
私人收藏。
F.Javier Hernández。

我们可以用绿松石色在蓝色和绿色之间形成过渡，这种绿色中带有一点蓝色。它是色谱中最冷的颜色。

KIMERA套色中的蓝色和紫罗兰色同样太暗了，发白时仍旧可以保持高饱和度。

与绿松石色相比，这种色调看起来更暖。在混合色中增加一点紫罗兰色会使色调更温暖。

套色中的紫罗兰色看起来几乎像是黑色，和白色混合后会呈现出十足的饱和度。

Dmitry Fesechko。
私人收藏。
F.Javier Hernández。

紫色调包含了品红色，在色谱中更靠近暖色的一侧。

品红色比紫色更暖，而且也可以被调浅。

所有这些颜色都很容易搭配。它们已经足够暗，可以用作阴影。为了得到半色调和高光，我们需要做的就是添加白色。蓝色、紫罗兰色和白色都是冷色，所以白色不会太多地改变混合色调的色温。如果想在整列渐变色系中维持较暖的色温，只有品红色需要稍加注意。

品红+黑+一点红

品红色可以用白色调亮，但为了保持色调的色温，我们进行每一步时都添加了一点红色。用黑色调制阴影也是一样的道理，这一端也需要加入几滴红色来保持色调的温暖。

最后，我们应该看看黑色和白色。

有时为了表现不同的材质，或一幅作品的色彩意境，最好加入一种额外色调的黑色。此时阴影依旧很深，看起来像黑色，但是半色调和高光就会表现出一些可见的冷暖色调。在这里，我们只需要添加最少量的其他颜色，就能使灰色的色调有别于中性灰，这是一种含有少量氧化黄的灰色。

添加绿色能使灰色变得更冷。

添加氧化红能使灰色变得更暖。

Antonio Peña。
私人收藏。
F.Javier Hernández。

白+一点氧化黄

黑+氧化黄

为了绘制真实的颜色，我们可能需要以非常精确的方式调节色调。例如，亚麻布看起来是淡黄色调的灰色。如果我们从暗黄灰色开始添加白色，那么它可能会失去饱和度。为了保持可见的色调，我们需要在每一步添加一些额外的颜色。

半色调和高光只需直接添加白色就可以了。为了保持灰色色调的可见性，我在每一步都添加了一点氧化黄。

总之，我想说的是，控制色温和饱和度可以让我们从有限数量的色调中混合调配出任何颜色。然而，使用套色范围内已有的色调也同样容易。没有必要每次都从原色混合调色，使用现成的颜料会更快。不过根据饱和度和色温了解如何根据我们的需要转换任何颜色，将会为我们提供广泛的可能性。

第四章
光影概念

- 基础概念

- 细节位置决定光影

人物模型最具艺术性的方面，在于具有吸引力的人物造型本身和主题。也许这正是我们在购买或涂装人物模型时最先受到吸引的要素。例如，如果我们热爱的是绘制第二次世界大战时期的人物，那么很难做出拿破仑时期的人物形象。不过有时候，某个特定的人物模型也可能吸引我们，即使它不是我们的主要偏好，而只是因为它在另一种角度具有吸引力。人物模型吸引我们的第二个原因是涂装。这本书关注的重点就是涂装阶段。

要理解人物模型的涂装，首先不可避免地要通过涂装来理解光影的概念。了解光和色彩概念之间的相互作用将奠定正确涂装人物模型的技术基础。每个模型玩家所掌握的技能、他们对技术的掌握和知识，以及他们的个人风格，都将决定微缩模型成品的质量。在人物模型中引入光的概念，标志着这些人物模型涂装的演变。由于比例的限制，一个人物模型无法作为一个物理对象而自行反光，而光能使它们扁平且毫无生气的外表产生细微的差别。

当我们涂装微缩人物时，必须考虑到光线反射在其表面的方式与真实的人物不同。如果不考虑这一点，而用统一的颜色来涂装我们的人物模型，成品将是平面的，完全失去真实感。人物模型是按比例缩小的，但光源不是。光射在一个微缩人物表面产生的阴影和真实物体是不同的。因此为了获得真实感，我们必须将光影强加在人物身上，从而创造出对现实而言的错觉。这种类型的光照不仅能够使我们的3D微缩模型活灵活现，而且也会影响我们为这个人物铺设的舞台或场景，使它们和背景融为一体。

印象派艺术家以高超的技术处理光的概念。
莫奈的《日出·印象》。

在这张吸血鬼胸像的照片中，仅仅通过观察不同的角度，我们就可以简单地从光影解读出模型所传递的信息。由于使用了冷色调，我们可以判断这是一个夜景，而且我们几乎立刻就能察觉到附近有火，因为部分胸像被代表火焰的典型暖色调照亮。这就是作者想要传达给我们的，他的光照技巧堪称完美。我们不能满足于简单的涂装，而必须努力传达某个时刻、某个场境，或背景。在这种类型光照下产生的对比强度也将影响成品的质量，定义亮暗区域是一个只需要观察现实就能够实现的过程。

在开始涂装过程之前，我们必须清楚的第一件事就是选用的光源。使用暗色调和阴影会创造一种戏剧性、阴郁和悲伤的感觉，这就与明亮光照下的人物大有区别了。

人物模型的光照是一种人造的概念，因为它们是从我们想象中投射的一个虚构的焦点开始的。它是一种图像资源，所以我们不必总是被束缚在这一点上，而必须抛弃对创作的恐惧，在成品中加入对美的追求，或者勇敢地改善模型的某些方面。当然了，为了做出这些决定，我们必须了解一些一般性的概念。

首先，我们要谈谈微缩模型涂装背后的本质。为什么现今的模型涂装如此复杂，不仅要有实践技能，还要有理论知识？看看二战期间美国海军陆战队员扮演者的照片，并将他与玩具士兵进行比较。

尽管颜色相同，但我们仍然可以一眼看出哪个是真人，哪个是玩具。所以，模型涂装的本质不只是运用正确的色彩，而是创造出与实物大小相当的错觉。即使在奇幻或科幻模型中，艺术家们也会试图用明亮而疯狂的色彩创造出一种更大物体的错觉。漫画风格的涂装有着相同的意图，但使用了一种二次元的风格。我们有许多风格和涂装技巧来创造一种可信的错觉，它们中的许多都在这本书中有所描述。您可以在这个1：10的胸像上看到这些技巧的使用。

现在，我们将探讨其中一个用于理解所有涂装技巧的最重要概念，光物理学。由于它是基础的原理，所以几乎每个人都知道。所有艺术家都在他们的作品中使用这一原理，但并非每位艺术家都会把这种普通的原理与模型涂装联系起来，那就是光和影。我们能看到一切都是因为光照，包括从太阳、火焰或灯光等光源发出的光，以及我们周围所有可见表面反射的光。这是我们视力的特点，如果没有光，我们就看不见。大多数情况下，我们看到的是物体反射的光，地面、树木、墙壁、衣服、灰尘，甚至连空气本身的分子都能反射光线——这就是我们能看到这些物体的原因。空气对我们的视觉来说是完全透明的，但看看天空，它看起来是蓝色的，因为天空就是一层厚厚的空气。空气中的分子会反射、漫射和折射太阳光——所以蓝天是反射光的来源，否则我们只能看到黑色的空间和头顶上的星星。这一点很重要，稍后我们将在本书的其他章节中讨论这种效应。无论我们看到的是灯泡、LED，还是太阳，我们都能看到光源发出的光。在没有光线进入或者缺少亮度的地方，我们只能看到阴影。

当我们看到一个三维物体时，怎么才能看到它是有体积的呢？这是由于我们能够看到表面的亮暗区域：高光较亮，阴影较暗，我们的大脑就会将这些差异解读为三维物体的形状。如果没有光，我们什么也看不见，只是一片漆黑。然而如果没有阴影，我们就不能了解物体的形状，只能看到一个轮廓而已。

加上阴影，我们才能看到球体。

我们在这幅图中看到的只是亮暗色块的组合，但我们的大脑会将其解读为一幅简单的几何物体和布料的画面。

换句话说，在图片上，高光和阴影被用来构建三维物体的体积。艺术家们的解读则是光线从上方和侧面照射到物体上。有些表面比其他表面更容易受光——这里我们看到的是高光。其他表面看起来更暗，因为光线以锐角照射在那里。有些表面虽然背对光源，但它们会反射来自其他表面的环境光。艺术家看到这些，然后把它表现到画纸上，所以我们也能在画面上看到这些东西。如果艺术家很优秀，我们就很容易理解并相信我们在纸上看到的正是这个物体。

现在回看之前展示的照片。有很多迹象可以让我们区分真人和模型人物，在本书的后面，我们会详细解读所有的迹象。但首先也是最重要的就是立体感。也就是说，凹凸的大小和形状。在这些照片上，我们看到的只是亮暗色块、阴影和高光。但我们的大脑能够解读这张图片：左边是真人，右边是微缩模型。这些色块的轮廓和亮度是传递给大脑的信号，即使我们去掉照片上的颜色，仍然可以辨认出来。

首先区别在于物体的凹凸感。通过观察高光和阴影，我们可以发现模型兵人的褶皱更少，而且这些褶皱没有真人身上那么深刻和锐利。我们是如何理解这一点的呢？因为真实的人物身上的阴影更暗且更复杂。真正的制服和装备有很多模型上没有的小褶皱。凹凸的元素可能更锐利，背带会更细，而我们能够将所有这些差异感知为明暗色块。

那么，我们该怎样才能涂装一个人物模型，让它看起来更像真人呢？我们怎样才能创造出真实物体大小的错觉呢？答案是利用好明暗关系，在模型上更好地表达立体感。在纸上或画布上，艺术家可以画出任何他想画的东西——甚至是不存在的物体，但如果艺术家知道光线是从哪里射下来的，我们就可以看到这个物体，并清楚光线是如何通过高光和阴影构建一个物体的。我们已经有了一个物体，这就是我们的模型。现在需要创造一种错觉，让观者认为这是一个真实的人，尺寸缩小只是由于观察的距离较远。为了实现这一点，我们需要在模型的表面上绘制更多的明暗色块。我们可以强调已经存在的阴影，并添加各种凹凸的小细节，例如模型上不存在的较小的褶皱或纹理。我们还可以改变现有的凹凸形状，使边缘更加锐利，或使凸起部分更加凸出。我们还可以操纵阴影和高光，让它们变得更亮或更暗，并改变它们的轮廓。但是为了让这个错觉更真实，我们需要知道人物是如何被照亮的，以及我们虚拟光源的位置。

在本章中，我们将更多地讨论虚拟光源以及它为什么对模型涂装如此重要。但我们首先得探讨一些基础概念，这些概念对于理解本章的其余部分是绝对必要的。在模型涂装中，就像在画布或纸上作画一样，我们必须和颜色打交道。

色彩的三个主要属性是亮度、色相和饱和度。色相是指它是哪种颜色：红色、橙色、黄色、绿色、青色、蓝色或紫色；饱和度则显示了这种颜色的真实感，正如我们在第三章中提到的。

现在，我们只关注亮度。请注意右边这两个概念。

两个最具有对比性的颜色是黑色和白色。在真人的照片中，我们可以看到有一些阴影色其实要比模型上更深。也就是说，实物上阴影和高光的对比要更强烈。看起来很简单，那我们只需要在凹下去的地方涂上深色或者进行渍洗，然后用深色沿着细节勾边来把它们区分出来不就得了。但是，这个方法有时候可行，有时候就不行了。因为亮度和对比并不总是基于凹陷的深度，或者是凸起的高度。看看真实物体，其实更加复杂，所以为了更好地创造虚拟光影，我们要搞清这里面的原理。

（1）亮度或色调
一种颜色多亮或多暗。

（2）对比度
和其他颜色相比，某种颜色多亮或多暗。

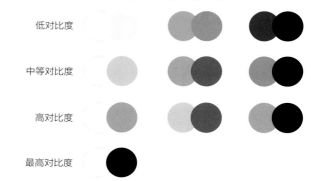

光的存在是因为黑暗的存在，它们必须共存于同一个人物中。如果没有阴影，我们就无法照亮一个人物，那是毫无意义的。

色调的差别越大，反差就越大。我们可以在这个矮人模型上看到高对比度和强烈的效果。

有些模型制作者会通过对比来达到更富戏剧性，有时甚至更华丽的效果。他可以把注意力集中在某个特定的点或整个人物上。这些最大化对比会使成品看起来不真实，所以我们必须小心不要玩得过火。对比是通过改变调色板的颜色来实现的，正如我们将在色彩的部分看到的那样。

对比越强烈，人物的戏剧性就越大，视觉冲击力也就越大。对比度越低，越能传达出平衡和冷静的感觉。左下图是一种条形的对比，显示了最大的高光和最大的阴影之间的距离，之间的距离越大，对比度就越大。

低对比度

高对比度

AlfonsoGiraldes。
私人收藏。
F.Javier Hernández。

光是什么？它是一种射出物，是一种叫作光子的粒子流，同时它还是一种波。我们能看到不同的颜色是因为光有不同的波长，而我们的眼睛只能看到这些有限范围内的波长。这就是为什么我们看不到放射线、电磁辐射、红外线或紫外线。所有这些辐射的波长都在我们的可见范围之外。我们在关于色彩的那一章讨论了光作为波的性质，但在本章中，关于高光和阴影，我们就需要解释光的粒子性，光是如何与物理物体相互作用，以及我们如何看到光。

正如我们上面所说的，光是来自于光源的粒子流。这些光线总是呈绝对的直线。

例如，每一缕落在地球上的阳光都有着几乎相同的方向。这个方向在白天会改变，但所有光线都可视为平行。

在场景中，我们必须将光作为一个整体来观察，在这个整体中，所有的元素都受到来自相同方向的光照影响。

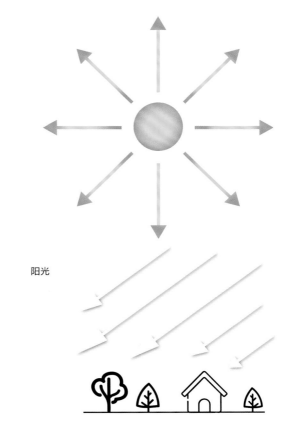

阳光

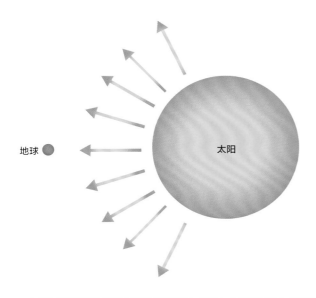

地球　太阳

太阳光线在我们看来是平行的，这是由地球和太阳的相对尺寸所决定的。

然而，如果我们观察一个小光源，比如一个电灯泡，我们会看到一种不同的大小关系。光线将从不同方向照射到人物的不同部位。此外，如果灯泡的光线很弱，那么人物的不同部分被照亮的程度也不尽相同：头和肩膀会更亮，而双腿就不那么亮了。所以，光的一个关键属性就是方向。

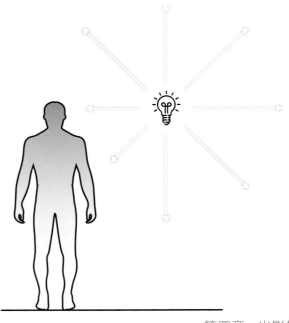

根据光源的位置，高光和阴影可能会不同。

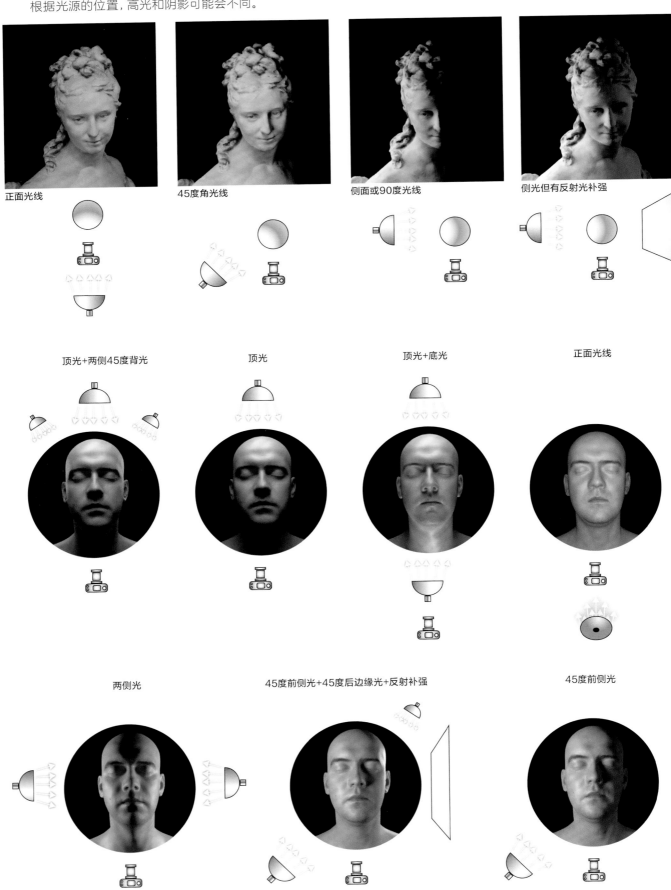

正面光线

45度角光线

侧面或90度光线

侧光但有反射光补强

顶光+两侧45度背光

顶光

顶光+底光

正面光线

两侧光

45度前侧光+45度后边缘光+反射补强

45度前侧光

正如我们所看到的，光源的位置对高光、阴影的位置和对比度有最大的影响。在涂装模型时，许多玩家并没有考虑物理关系。有时他们只是照搬教程，或照搬他们看到的模型作品。但他们最常重复的是最简单的普遍照明方案——天顶光。

这个虚拟光源正好位于天顶，并直接从上面将光线投射到模型上，这是目前用来理解和表现模型的最流行和简单的照明方案。这在许多教程内都有详细说明，几乎已经成为模型涂装的标准作业了。

环境光从上面照射到人物上，因此所有的特征都是朝上的，看起来更亮，而光线之外的小平面则被涂得更深，这种阴影和高光之间的对比增强了凹凸的立体感。这种方法的优点是简单。模型是一个我们可以从许多角度看到的三维物体，所有的侧面都是均匀的。即使没有太多的艺术处理经验，我们也很容易想象天顶光线是如何强调表面的立体感，以及阴影是如何投射的。因此，整个模型从各个角度来看都很出彩。

但是这种照明方式并不是我们用来强调模型立体感的唯一方案，这个二战德国机枪手胸像表现的是环境光从上方和前方45度照射下来。

这个希腊军阀的胸像用的是另一种方案，表现的是黄昏的光线从侧面照射下来。

这是一个美洲印第安酋长的模型，表现的是篝火从正面和下方照射过来。

不同的照明模式使我们能够创造真正有趣和华丽的图像，让人联想到帆布上的画作或摄影艺术，但这也需要更高超的技巧和艺术眼光。这么做的困难在于，我们需要考虑一个模型从各个角度观察所呈现的样式。我们将在另一章中进一步探讨OSL技法（物体光源技法），此处只需要解释基础知识即可。在画作或摄影作品中，我们只能从一个角度观看，因为它们是平面的。但模型必须从各个角度看起来都很漂亮，因为它是一个三维物体。例如，侧光让正面的脸看起来充满趣味，但另一边的脸会完全消失在阴影中。

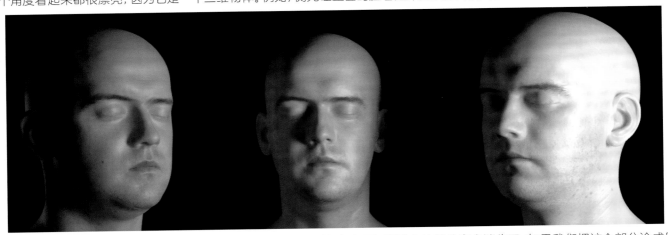

这对模型来说并不是一件好事，因为它意味着我们看不到任何东西，阴影中的部分完全消失了。如果我们把这个部分涂成黑色，与模型的其他部分相比，它看起来就像个半成品。不过也有例外，如果模型处于一个情景小品中，或是在一个有背景的底座上，这样确实看不到模型的暗面。但通常我们可以从各个角度看到整个人物，因此仍然需要了解这部分区域将如何受到影响。更重要的是，除非买得到真正的、绝对的黑色颜料，否则我们无法让阴影完全变黑。我们周围都有反光的物体。甚至空气本身和尘埃颗粒也能反射光线，也就是漫反射。在我们的眼睛接收到漫反射光之前，光线可能已经被反射了好几次。

如右图所示，光线落在球上，高光部是面向环境光的明亮区域。这个球不是绝对亚光的，所以可以看到最亮的色块，这就是光源或"中心光"的反射。以锐角朝向光线的表面被称为"半色调"或"中色调"。光线不能直接照射到的区域较暗，这就是"阴影核心"。物体表面上最暗的阴影，在阴影核心和半色调之间，就是"明暗分界线"。但是阴影并不是完全黑的，因为它也会受到周围物体反射的漫反射光影响。球体边缘的亮点是"反射光"，光线落在桌子上，然后再反射到球的底部，接着再反射到我们的眼睛，这个色块被称为"反射"。桌子上由球体投射的阴影比球面上的阴影更暗，这是因为桌子反射的光不如球面多。然而，离球最远的投射阴影看起来更亮，这是因为光线并非完全射入，部分会被空气漫反射掉。球体接触到桌面的地方阴影最暗，这就是"遮挡投影"。几乎没有光线能到达这个地方，因此它看起来几乎是黑色的。如果没有空气，所有的影子都应当呈现绝对的黑色，就像在月球上一样。

明暗分界线　　半色调　　高光

反射光

中心光

投射阴影

阴影核心

遮挡投影

现在我们回看之前出现过的模型，从另一个角度再看一次。

还是这个德军机枪手的胸像。站在户外，被来自天空的环境光照着，从后面看更暗了。但即使在阴影中，我们仍能看清细节。

这位希腊军阀看起来也更暗，不过仍然有从夜空中照耀的环境冷光足以让我们看清细节。

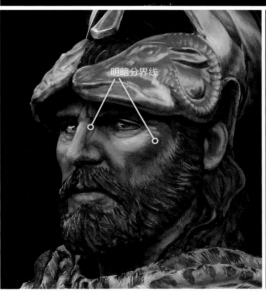

明暗分界线

在最亮的正面和冷色调的阴影黑之间，有一条明暗分界线。

冷光从上面照射到印第安酋长身上，但这种光不及篝火的橙色火焰那么明亮。

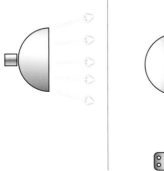

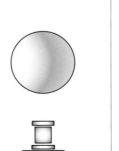

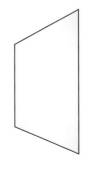

此处明亮的主光落在模型上，相同的光被模型对面的反射光反射回来，这就是副光。更强的主光揭示了模型的细节，使主视角明亮且锐利。来自反射的副光是环境光，它并没有那么强，只是柔和地强调了雕刻并显示模型暗面的细节。主光为暖色，副光为冷色，形成了有趣的对比。我们将在物体光源技法（OSL）的章节中进一步详细地讨论光影的细节。现在能够阐明的照明模式要点是：一是光从相反的方向照射，二是主光比副光更强，三是主光比副光更加锐利。

要想通过涂装创造真实物体的视错觉，还需要了解光的其他特性。

光力——这是指光的强度和亮度。光源的光力可以用流明数来标示，直射的阳光总是比被天空反射的漫反射光强，灯泡的光总是比香烟的光强。在这个维京人的胸像上，我们可以看到两个虚拟光源发出的光。白色的光从窗户的左侧落下，照亮了很多细节；背后火焰的橙红色光比日光要弱，因此模型的这一面看起来更暗。

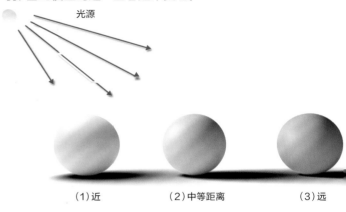

光源越近，物体被照亮得越强烈。

离天狗较远的光源可能是明亮的，是明火或黄色的灯——我们能在其角和金属部件上看到反射，但光源离人物的距离太远，无法照亮模型的阴影面。红色的环境光并不强烈，但离得更近，因此天狗的这一侧看起来更亮。

锐度——这是光的另一个属性,对模型涂装很重要。锐利的光线能够使高光和阴影的轮廓更加清晰。环境光或漫反射光是柔和的,物体在环境光照射下的投影是非常平滑的。最简单的强光例子就是阳光,阴天的光线则会变成柔和的环境光,这是因为它是穿透厚厚的云层落在地球上的,水蒸气的颗粒会使一大部分光线发生漫反射。环境光的另一个例子是蓝天。正如我们上面所说,空气中的分子会散射阳光,使天空成为环境光的来源。这就是为什么在阳光明媚的日子里,阴影看起来是蓝色且寒冷的。来自太阳的强烈直射光是温暖的,但蓝色的天空使它变冷。强光的另一个例子是灯泡、LED和明火。靠近这些光源,所有的阴影看起来都很清晰。一旦远离光源,光线就会被空气漫反射并失去锐度,使阴影更加模糊。如果灯有半透明的遮光罩,电灯就会变成环境光。正如我们上面所说,模型涂装中最常见的选择是来自周围环境的天顶光。为了使光线柔和,摄影师在拍摄时会使用反光镜。

环境光　　　　　　　　　　强烈的直射光

人类眼球构造

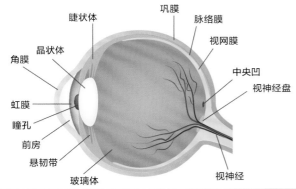

在这里我们可以看到左图的环境光和右图的强烈直射光之间的区别。右图中的阴影看起来又深又黑。这是一张静态的照片,表现的是相机快门打开时捕捉到的瞬间。根据相机的曝光、灵敏度和光圈等设置的差异,我们将看到不同的画面。这是因为在那一刻,胶片或数码传感器上的光照量取决于这些设定值。正如我们所说,一张图片只是一个捕捉到的瞬间,而视觉则是一个过程,就像视频一样。当我们看着一个物体时,视线停留的时间比片刻要长。我们的眼睛有一个"动态自动设置",当看到远处不同的物体时,肌肉会改变晶状体的形状,从而改变它的焦点。根据光线的亮度,瞳孔的直径发生变化并控制视网膜接收到的光线量。这种"自动调优"是一个持续的过程,但它是如何工作的呢?

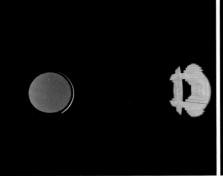 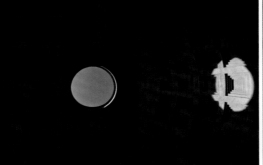 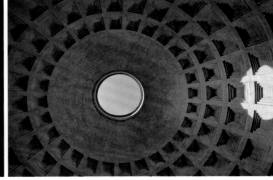

假如我们从充满阳光的外面进入房间,为了保护视网膜,在外面时瞳孔不会张大,但当我们刚刚踏入室内时,光线非常少,所以我们看不到很多东西。

几秒钟后瞳孔开始扩大,允许更多的光穿透到视网膜,所以我们可以在黑暗中看到更多细节。

几分钟后瞳孔进一步扩大,我们就可以正常地看到房间内的一切了。

当我们看到正常大小的物体或真人时,也会发生同样的情况。当我们的注意力集中在高光和明亮的细节上时,阴影的其余部分看起来会很暗。当我们把目光转向阴影,可以开始看到那里的细节,但高光会变得太亮并且会过度曝光。模型比真实物体要小得多,所以我们可以看到它们的全部。即使我们聚焦在高光的部位,阴影也同样落在我们的视线之内。所以,我们需要在明暗色块之间寻求平衡。没有必要绘制黑色阴影,因为模型的阴影部分将会丢失细节,变得什么都看不到。然而,我们也不需要使用明亮的白色高光,因为这个区域的细节也会丢失,就像一张过度曝光的照片般白茫茫一片。

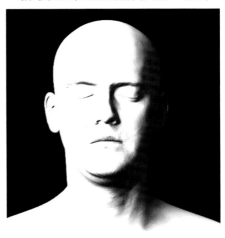

时刻牢记我们处理的是一个三维物体。如果视线不受环境背景等事物的限制，我们将能够从各个角度看到模型，所以需要保持高光和阴影之间的良好关系。这个陈约翰（John Chan）涂装的苏联女狙击手胸像就是一个高光阴影平衡的优秀范例。

直射的阳光穿过树叶从侧面和背面照射到模型上，形成斑驳且对比强烈的日光和阴影。模型的正面则被来自天空的环境光照亮。

脸是任何人物模型中最重要的部分，此时我们看到她的脸更加明亮，就像我们和这位女狙击手一同站在阴影里一样。从这个角度来看，斑驳的阳光是次要的，而脸部才是主要的。如果我们从后面看这个模型，就会看到更暗的阴影和更亮的斑驳阳光。

这里的对比更加强烈，塑造了一个隐藏在林中阴影处的人物形象。事实上，这个模型的照明模式非常有趣，侧面和背面照射到强烈的阳光，树叶的阴影投在人物身上，高光和阴影之间的对比非常强烈。而来自蓝色天空的寒冷环境光从正面照下，使脸部非常清晰可见。此处所有阴影看起来更加柔和，对比度更低。这些视角产生了不同程度的对比，但彼此并不冲突，因为光源位于模型的相反两侧。

如同我们在范例模型上看到的，光源的三项属性对于正确表达立体感非常重要：光的方向、光的力量和光的锐度。如果想要更好地理解光线与物体的相互作用，我强烈建议各位试着用铅笔绘制草图。利用生活中最简单的设置，就可以帮助我们学习很多关于光的知识。

即使是复杂的物体（如头或手）也可以被分解为简单几何形状的组合。所以如果想让自己的涂装水平更上一层楼，利用生活中的常见物品练练铅笔素描是很有帮助的。即使是最简单的图形，进一步加深理解也可以对我们在模型中处理各种褶皱和细节大有裨益。

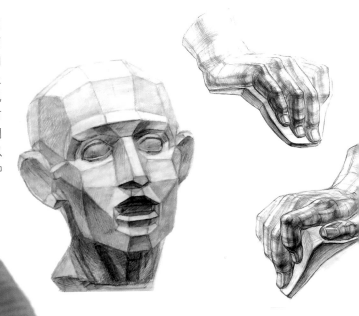

另一种识别高光和阴影形状的方法是分析照片。我们可以找一张清楚的照片作为参考，尝试了解光源，并从其他各个角度观察物体是如何受其影响的，但这么做就要求我们具备一定的经验了。

此外，还有一种更加有趣的方法，就是自己用准备制作的模型搭建一些光照设置。我们可以自由摆放灯源和反光镜，并多次尝试一些变化，从而根据自己的想法创造出更加华丽的光影效果。

选择一种喜欢的设置方式，也就是范例2的摆放形式。

然后，从周围的几个不同角度给模型拍些照片。请注意，在我们的初始设置中，不应该改变模型的位置。相反，我们可以拿着相机四处走动，从不同的角度拍照。在这里，阴影和高光就像瞬间留下的印记。还记得《黑客帝国》里的子弹时间场景吗？时间停止，镜头绕着角色飞来飞去，这就是与模型涂装最接近的类比。我们并非把模型把玩于股掌之中，而是进入一个虚拟场景，从不同的角度观察这个静态模型。请记住这个想法，它对于创造真实大小物体的错觉非常重要。我们将在描述高级技术的其他章节中回溯这个概念。

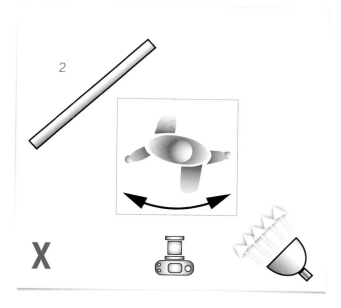

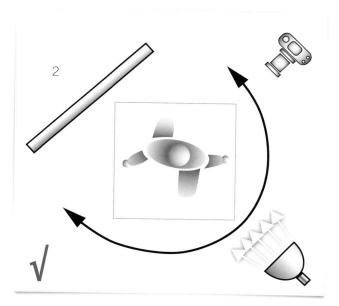

这种再现光照模式的方法有其优缺点。我们需要找到足够的空间来自由地使用相机。此外，除了设置中的照明，还需要遮挡环境中的所有光源，否则阴影会受到我们自身阴影的影响。我们需要记住光源的大小和清晰度。例如，如果想模拟人物附近的幽暗篝火，最好找一个小的橙色LED灯，因为普通的灯泡太大了。模型和光源之间的距离也很重要，请牢记光的力量。此外，模型的雕工可能不是太好，因此还需要发挥一些想象力来设想浮雕的细节，然后通过绘画改善这些细节。

有一些实用的方法可以将阴影和高光直接表现在模型上，这就是所谓的"预制阴影"。这种技法的本质和光粒子流与喷涂技术有一定的相似性，颜料就像从窗户中照进来的光，而窗户就像喷笔的喷嘴。

喷笔的喷射可以用来大致模拟光粒子流。就像光线一样，颜料的喷涂也是有方向的——在压力下，颜料颗粒被直接从喷嘴喷出。

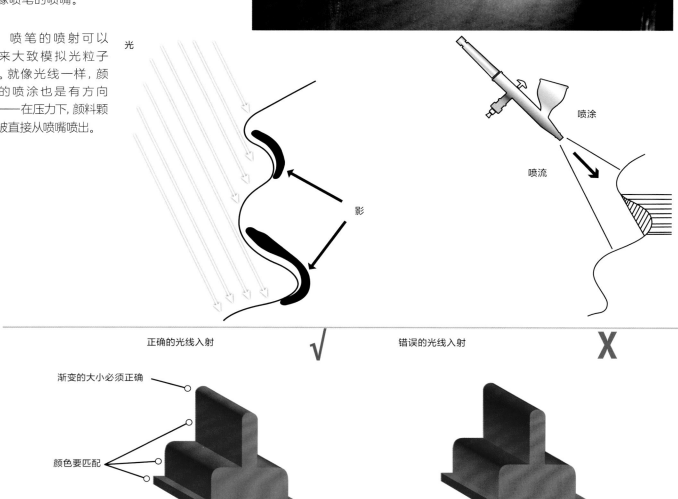

光

喷涂

喷流

影

正确的光线入射　√　错误的光线入射　X

渐变的大小必须正确

颜色要匹配

最简单、最普遍、对比度最强的预制阴影是用黑白颜料完成的，这里的黑色相当于阴影。首先将模型完全喷成黑色。

白色涂料相当于光照，而喷笔则是在模仿光源。喷笔的喷涂有一个固定方向，因此白色涂料无法到达某些部位，这些区域看起来就像对比度很高的阴影。

预制阴影可以根据我们的需要进行调整。稍加练习后，就可以自由模拟不同的光源。请记住上述的光的性质。方向——这是最简单的，它可以从任何方向喷在模型上：从上面或侧面，如果需要显示一个以上的光源，也可以从几个方向进行喷涂。

我们讨论的第二个性质是锐度。由于所有光线都有相同的方向，因此阳光的锐度是极高的，它们都在同一个向量上。为了表现这种情况，喷笔的喷射也必须是一个单一的向量。为了覆盖大面积区域，我们可以上下左右移动喷枪，但是不能改变在模型上喷涂颜料的角度。

让喷笔以锥形喷涂就可以让边界变得更加柔和。如果从近距离喷涂，圆锥体很窄，而且喷出来的涂料很锐利，这样就可以让我们清楚地看到高光和阴影的轮廓；如果喷笔的喷嘴离得远一些，那么圆锥体的较宽部分就会覆盖更大面积的表面，漆流就会更大程度地漫反射，高光和阴影也会变得更加柔和。

如果喷笔离得太远，那么覆盖将是均匀的，预制阴影就会失去辨识度，阴影的轮廓可能会消失不见，最后只能得到一块大面积的色斑。

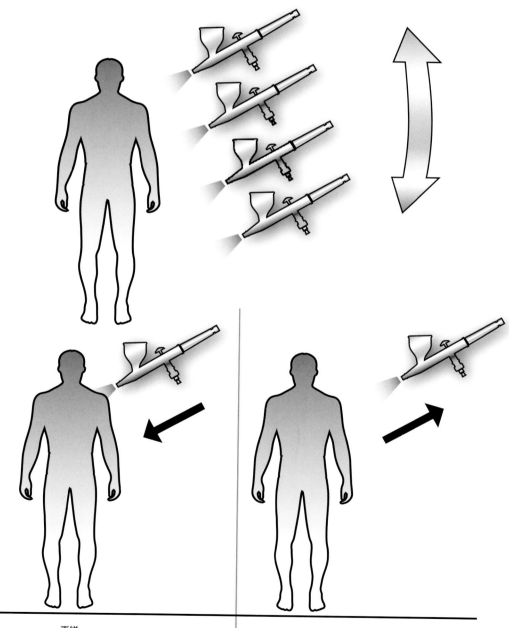

更锐　　　　　　　　　　更柔

如下图所示，我们可能需要稍微旋转一下喷笔，但是喷笔的轴线必须是一个紧密的锥形。方向的改变会使颜料扩散。如果以旋转的方式喷涂，阴影的轮廓将是柔和的。不过不能旋转太过，否则会变成一整层均匀覆盖的漆膜。

如果我们改变喷涂的向量，那么就可以绘制出时下非常流行的自然顶光照明。为了实现这种模式，我们需要从顶部将涂料喷涂到模型上，不过也可以稍微改变一下方向。

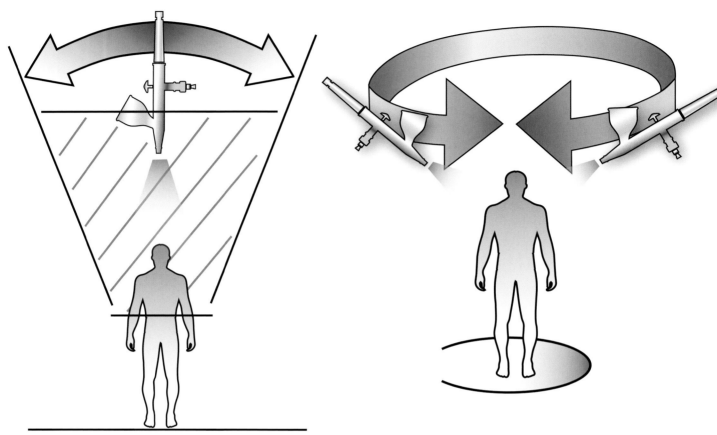

我们之前细说过，光的第一个性质是光力。如果要表现一个微弱的小光源投射到一个小范围空间时，使喷雾覆盖一小块区域并突出一小块色斑，就可以重现这种效果。

光线越强，覆盖的空间越大。我们可以通过旋转喷笔来达到这种效果。这种方式仍然是一种对自然顶光的模仿，只不过是将范围缩小在一个较小的空间内而已。喷雾的轴线必须始终保持在同一个区域内，不能超出圆锥底面的圆形。

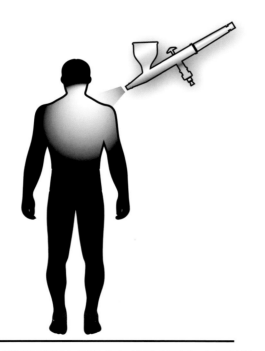

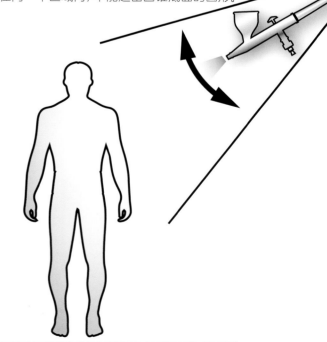

我们已经在上文展示了如何使用黑白颜料进行简单的色调调制，从而增加模型的立体感。当模型具有复杂的外形时，这种方法肯定是有帮助的，我们可以用它来表现模型上一些突出部位在模型自身的投影。例如，这个美国海军陆战队的胸像肩上扛着一门巴祖卡，这件武器会投下阴影，而预制阴影可以很好地将它表现出来。

将模型暂时固定后，喷涂高光可以在肩部形成阴影。拆解后的模型更容易涂装，但会导致无法清楚辨识高光和阴影的位置。预制阴影完成后，再将模型化整为零，然后只需根据亮度，在这个明暗关系上绘制正确的颜色：暗色调涂在暗色块上，亮色调涂在亮色块上就行了。

这种技法对于人形或物件具有复杂布局的情景小品或大型场景模型也是很有帮助的。

在OSL技法中，预制阴影是绝对必要的。在这本书后面的部分里，我将向大家逐步讲解预制阴影如何用在创意、色彩、光照不同的各种模型上。我们可以使用多种颜色和多层罩染完成预制阴影细节的最终色调，但大家必须牢记最重要的概念：预制阴影更近似于色调调节，更多依赖于模型的立体感。色调则意味着亮度，使用黑白色调来诠释不同的亮度。

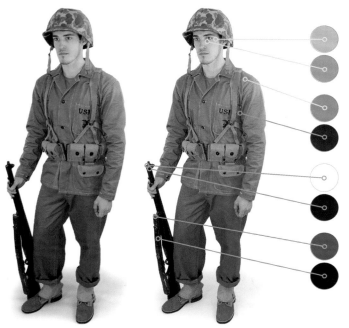

我们将在此提及本书的另外一部分内容，谈一谈色值。如上文所述，预制阴影更近似于色调调节——它揭示的只是三维表面外形上的高光和阴影，这种方法不能显示模型最终外观上的真实色值。

请记住本章开始的这些照片（左）。即使不看色相而只是关注色调，我们仍然可以观察到色值。色调是我们看到的第一个属性，因为这是我们视觉的一大特征。即使在黄昏，我们也能看到色调，但看不到色相，因为所有的颜色都会呈现不饱和的灰色。色调足以使我们理解哪些物体更暗或更亮。我们从右边照片的不同区域提取出色调样本，即使没有色相，我们也能感知到肤色比制服更亮，步枪的带子比制服更暗。更重要的是，根据最暗和最亮色调之间的对比，我们还可以识别出材质以及它们的光泽或亚光程度，这将在后面关于反射表面和NMM技法的章节中详细论述。在模型涂装中，为了实现真实物体的逼真错觉，我们需要亮度来强调或纠正模型的立体感。

综上所述，我想说的是，了解光线如何揭示模型的形状以及如何根据光源绘制凹凸感是十分重要的，但我们也需要记住颜色的正确色值，在亮色调和暗色调之间维持正确的平衡。在这里不得不提及一种模型玩家常犯的错误，他们太过沉迷于模型表面浮雕元素的色调调节，而忽略了模型整体色彩的正确色值。

我们将在这个巴伐利亚国王路德维希二世的胸像中体会到一些概念，使用的参考就是他本人的肖像。

蓝色夹克上的高光看起来非常明亮，对比鲜明，所有的褶皱都被勾勒得很清楚。但是色调的色阶并没有起到足够的作用，夹克的蓝色压得不够深，整件制服的深蓝色都涂错了。

对于很多模型玩家来说，另一种常见的错误就是在脸上堆砌了过多的阴影，应当找出一种合适的色温借助阴影来强调面部特征才对。结果打破了色值，整个面部的肤色看起来比正常的脸部暗得多。

这两个错误的例子说明，正确的色值在强调立体感时有多么重要。我们需要记住，细节是整体的一部分，它们会相互作用和影响。即使将表面的各种凹凸元素和细节各自涂得很漂亮，如果色值错误，它们也无法融为一体。

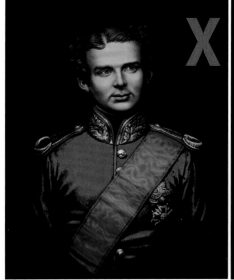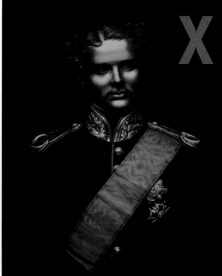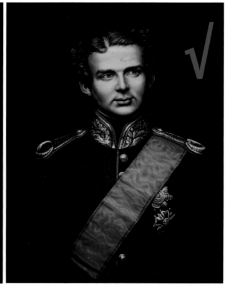

一般来说，不考虑衣服的材质、不同的材料或它们投射的阴影，只考虑光源的位置，我们可以在人物模型上选择不同的照明方案，每一种方案都将使我们的模型获得不同程度的戏剧效果。同样的人物根据光线方向的差异，也可以在观众中产生不同的感觉。光线决定了人物的哪些部分将被照亮，哪些部分将保持在阴影中，并决定了人物模型的涂装方式。对于人物模型来说，通过光源的位置，我们将得到后续所有的光照条件及其组合。我们将把全面照明放在一边，因为虽然这是一种速成方法，但实际上却是一种不真实的光源。

（1）顶部光源（天顶光）：光线以某种角度从人物上方照射下来，这是模型制作中最常见的形式。

（2）侧面光源：侧面光源来自物体的一侧，这种类型的光源最吸引人的地方在于它所产生的阴影。这些侧向照明物体产生的阴影能够展现表面的凹凸感并可以调节。使用这种方法时，模型的雕工和各处的褶皱非常重要。

（3）底部光源或低角度光：这是从下方往上打的光源，它正好是顶部光源的对立面。当光源处于比物体更低的位置并向上照射该物体时，就会出现这种现象。它会给人物带来戏剧性的视觉效果。

（4）背光：背光在人物模型涂装中很少使用，但在一些情景模型和场景中偶有用到。这是一种从后方射出的光线，可以使人物形成一圈从背景中分离出来的轮廓。它不能落在人的面部，而应该作为人物和背景之间的分界线。

（5）定向正面光源：光线正面反射在人物所处的平面上，使背面处于阴影中，这种光源与背光正好相反。

（6）人物本身发出的光源。

（7）聚焦于一个亮点。

1. 一般光影

一般光影是一种简单的技法，在战棋玩家和新手中很受欢迎，它能够以相对较少的努力做出引人入胜的成品。这种技法主要分为两部分，提亮最明显的区域以及暗化最暗处的部位。为此，我们可以用墨水或比底色更暗的颜色绘制阴影，同时用更浅的颜色绘制高光。光照在人物的每个部位都是恒定的，我们所要做的只是利用人物的特点提亮凸起，防止人物看起来过于平面化。

很多时候我们也需要一些艺术自由，希望能够提亮一块没有受到其他类型光照影响的部位。因为光线并不总是从顶部或侧面落下，而且这已不能再当作一种艺术性的方法，所以我们可以立即将这种光照与其他光照结合起来。

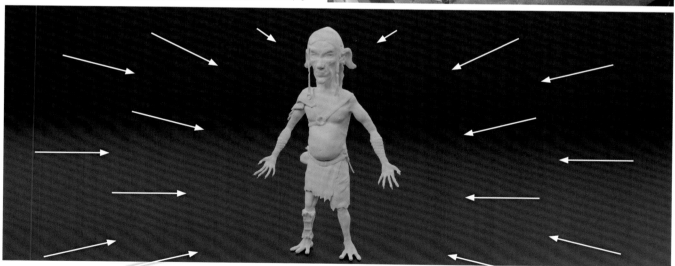

一般情况下，没有任何光照（缺乏高光和阴影）的立体感会使人物模型显得单调乏味，细节也会丢失。

为什么干扫不是制造光照的最佳方法？有些战棋玩家或新晋玩家会使用干扫技法来获得高光效果，这也不是不可以，总比什么都没有强，但实际上这是错误的。光不应该出现在褶皱的边缘和它最突出的部分。他们也同样使用笔涂渗墨线的方式来加深凹陷，但这么做产生的阴影和专业人物模型涂装师及资深玩家的成果是不同的。如果为了快速完成小比例涂装，它不失为一种速成的方法，但如果换成更大的人物，这么做就会失去真实感。

上面的照片是一个未经涂装的人物模型，可以看到在各个方向强调阴影时产生的变化。

这是世界上许多模型玩家都在使用的一种照明方式，而且如果运用得当，它也能够赋予人物模型个性和戏剧性。

光线来自于人物上方的一个假想点（比如一个强光点或正午的太阳），从而创造出明暗部：受光最多的高光区和受光最少的阴影区。

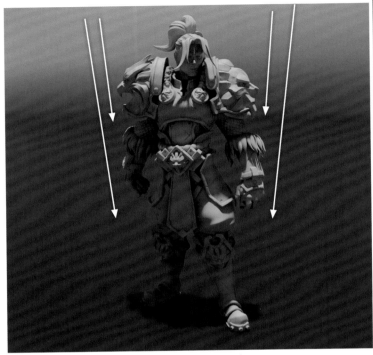

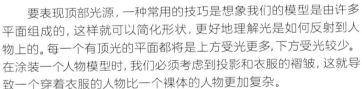

要表现顶部光源，一种常用的技巧是想象我们的模型是由许多平面组成的，这样就可以简化形状，更好地理解光是如何反射到人物上的。每一个有顶光的平面都将是上方受光更多，下方受光较少。在涂装一个人物模型时，我们必须考虑到投影和衣服的褶皱，这就导致一个穿着衣服的人物比一个裸体的人物更加复杂。

如我们所见，有一种绘制亮色块的方法是先准备好暗色区域，然后设定人造光源，查看高光和阴影在人物表面的分布。这时候可以拍张照片，方便后续参考。

在这个3D模型的范例中（右图）我们可以清楚地看到：从人物的头到脚，光线强度逐渐减弱。光是直线射出的，其色调会根据人物表面的起伏而变化。本例的底色与平行于光源的区域相一致。

如果物体是圆的，光会根据表面曲率的变化而变得模糊。一个区域越垂直于光线，它接收到的光照就越多。

关于这种类型的照明，最重要的是要记住每个受到光线垂直射入的区域都将成为人物表面最亮的部位。根据受光形式的不同，产生的结果也不尽相同。在光线直接垂直照射到的平面上，所有位置的亮度都应该是相同的，而那些圆形的平面将根据它们的曲率来实现光和影的正确平衡。

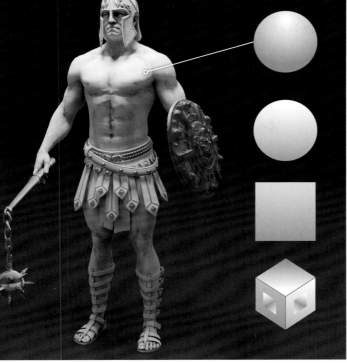

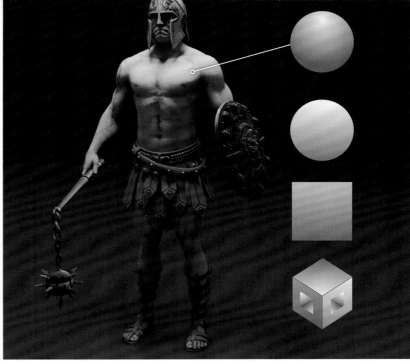

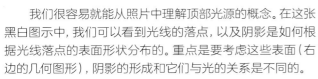

我们很容易就能从照片中理解顶部光源的概念。在这张黑白图示中，我们可以看到光线的落点，以及阴影是如何根据光线落点的表面形状分布的。重点是要考虑这些表面（右边的几何图形），阴影的形成和它们与光的关系是不同的。

这个裸男的肌肉表现出的是，球形和阴影周围的同心圆形成了每一块肌肉的形状。因此，我们可以分离每一块肌肉并强调其外形，从而在人物上获得最大的立体感和表现力。

在上一张图的彩色版本中，我们可以看到人物最高处受光更多的色调，以及它们是如何将观众的注意力引到这部分区域的。人物的下半部分仍然是黑暗的，但由于灯光和阴影的位置正确，整体效果是和谐的。

Isidro Moñux。
私人收藏。
F.Javier Hernández。

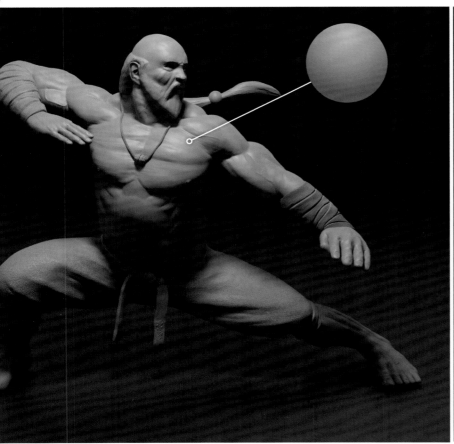

3. 底部光源

底部光源和顶部光源完全相反，但理论上它和顶部光源的操作是完全相同的，只不过在保留顶部光源操作特点的同时，将明暗区掉个个而已。一个来自下方平面的光源向上照射着人物，因此它是一种人造的，或反射形成的光线，其结果是不自然的。不过可以将它用在人物模型涂装上，以达到表现个性、紧张、神秘或恐惧的效果。

在这些例子中，光源位于人物下方的一个较低平面。用这种灯光来描绘人物是很少见的，完成后作者试图创造的是一种神秘的气氛，所以它更适合奇幻人物，例如《小丑回魂》中的这个小丑。这些不自然的阴影在涂装时对我们构成了一个挑战，所以在开始给人物上色之前就必须先计划好过渡。

4. 定向正面光源

为了避免色调过于单调，或者为了吸引人们关注光照的类型，我们可以选择一个焦点，这个焦点通常位于我们想要强调的部位（脸、身体等）。在市售人像或胸像上，这个焦点可以是某个特殊的区别元素，有助于我们将人物模型的特别意义传递给观众。

像伦勃朗这样的古典画家已经在他们的绘画中大量使用了这种方式，就像所有的绘画技巧一样，我们可以把这种方式转移到模型涂装中。

光在黑暗的地方出现，受光最多的部位必须被完美地安排，这样一切才能显得合理、自然。在这种技术中，亮部和阴影之间的过渡是非常重要的。阴影最深的区域应当出现在离焦点最远的地方，从而创造出对比度。

定向光可以来自任何光源，它只突出人物的某一部分。

这个模型的亮部让我们觉得焦点光源应该来自于一扇门或一扇窗，这名兽人正探身查看。

在这个范例中，光线只反射到人物的左半边，但它没有覆盖整个侧面，只覆盖了头部的一部分。

5. 侧面光源

有时使用顶部光源并非是最佳选择, 或是人物模型涂装的唯一选择。人物的姿态可能需要更多地强调某一部分, 或者聚焦于其他高亮度的侧面和较暗的区域。在这种情况下, 我们必须考虑投影产生的阴影。

此外, 这种外部照明还可以产生一种调性, 在整个光照区域内 (火焰、霓虹灯、月光等) 影响人物的色彩。

光源可以来自于纯粹的侧面, 也可以来自于上部的侧面区域, 或者影响人物模型涂装的某个特定位置。

在第一个人物中, 侧面的光线来自于一个占优的完全侧向平面, 其余部分则保持在黑暗中。在这种情况下, 我们必须使人物自身要素产生的阴影和光线的角度相同。第二个人物中的假想光源主要来自

于侧面, 但还有一束定向光使阴影变得柔和, 焦点应在人物平面进一步向前的位置。

Enrique Velasco。私人收藏。F.Javier Hernández。

这个胸像的光照主要来自侧面, 我们可以看到照片左边最深的阴影。人物的朝向是正面的, 她的视线直指发光的区域。

上面这个范例的侧光来自于月亮。人物整体较暗，但被照亮的部位比在日光下更白。这个人物被设定在森林内，皮肤上模拟了树枝因光照产生了映像，在人物被照亮的一侧投下阴影的状态。这为我们提供了关于人物背景的大量信息，实属一种罕见的表现方式。

这个范例的侧光有着明显的对比。这是一个奇幻人物，所以我们可以寻求一种更为夸张的效果，因此看到两部分区域的色调完全不同。在最后一张照片中，我们看到的是失去侧光的相同人物，它最终呈现的外观是如何完全发生改变的。

Antonio Peña。
私人收藏。
F. Javier Hernández。

6. 人物或场景本身发出的光源（混合光源）

在这种情况下，光线来自于场景本身的一个点，或是在人物本身、篝火、灯笼、火炬，或从某个点反射出来的光。照明的概念是一样的，但考虑到这个光源点，它可以和作为次光的顶部光源，或侧面光源相结合并占据主导。这种复杂的涂装有两大要点，焦点光源的强度和距离人物的远近。

这张3D渲染图能够帮助我们看到火炬投射在盔甲上的光。通过改变火炬的位置，我们就能够改变光照的区域。

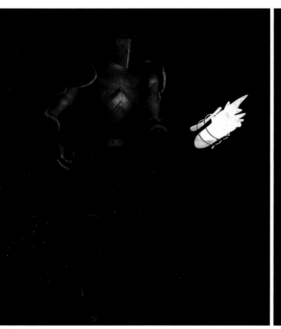

根据投射光线的颜色，我们可以实现多种色调，从而表现光线本身在人物上的反射。上面这张照片和下图的光剑都被红光笼罩着。根据光源的不同，灯泡、霓虹灯等光源发出的光也会有不同的颜色，我们要根据被光线照射表面的差异进行不同的处理。织物或皮肤吸收光线的方式不同，在反射中会产生不同的色调。在这种情况下，我们将使用红色、黄色、蓝色等色调来表现。

Luis Gómez Pradal。
私人收藏。
F.Javier Hernández。

Luis Gómez Pradal。
私人收藏。
F.Javier Hernández。

1

2

（1）粉色调说明这位女孩周围有霓虹灯存在。

（2）这两名科幻人物接收到来自它们左侧的星球反射的光。

（3）从梯子上下来的人物带着一盏灯，照亮了部分墙壁及其左侧。

（4）烛光照亮了人物的上部平面。

3 4

第五章
模型涂装技法

• 技法介绍

• 丙烯颜料涂装技法

• 油画颜料涂装技法

• 罩染法

• 点画法

• 轮廓描绘法

• 干扫技法

• 海绵点蘸法

• 喷涂技法

一、技法介绍

每个模型制作者都有涂装模型的能力。经过日积月累的练习，模型制作者的涂装技法也在不断精进，他们正确运用这些技法来得到更加优秀的涂装效果。这些技法需要通过不停的学习来掌握，没有一个涂装者第一次尝试就可以做出一个完美的作品。有些人可能拥有更为扎实的色彩理论概念，有些人也许在对色彩的组合与混合方面有优于常人的敏感度。但如果没有适当的技巧作为辅助，任何人都无法成长为艺术家。并不是每种技法都适合所有人，某些技法可能完全不会被一些模型制作者采用，仅仅因为这种技法对这些涂装者没有说服力。然而，尝试去了解这些技法有助于涂装者们发展自己的风格，并创造出一系列让自己舒适的涂装技

法，从而满足制作者们的审美需求。在模型涂装过程中，我们会在不同的阶段遇到不同的涂装元素，例如皮肤、衣服、配饰等。

不是所有的模型都可以用同样的方式来涂装，否则所有的作品都会千篇一律，毫无新意。如果我们想提高自己的涂装水平，那么挑战新尝试、跳出舒适圈是重中之重。请记住，有时即兴创作可能也是一种解决办法，特别是在我们积累了一定的经验后，我们将更有信心去尝试这种即兴创作。

有些技法会被运用到一些特殊的情况下，比如用笔触点画法或绘图模板来表达衣服或配饰上的质感纹理。我们将在之后的内容中进一步分类讲述说明。

如果我们想画胡子的阴影，可以利用薄涂罩染法对肤色进行暗化，这会制造出没有剃须的胡茬效果。在人物模型的鼻子上，如果我们想要表现皮肤晒伤的感觉，也可以用薄涂罩染法去表达。颜色越深，灼伤感越强。

使用不同的工具和材料需要不同的技巧和方法，我们将通过整本书来介绍喷笔的使用技术。要想熟练使用喷笔则需要大量的实践练习。

掌握笔涂取决于笔涂技巧和涂装者对笔刷的熟悉度。不过，就像使用其他任何工具一样，每个模型制作者都会找到属于自己最为舒适的使用方式，就像他们使用钢笔或刀一样。

并不是所有的技法都可以系统化地应用于同一个模型。在我们刚开始进行模型涂装时，一些技术非常有用，比如干扫或渍洗技法，可以帮助我们快速表现出模型细节。

渍洗技法是利用大比例稀释的颜料在模型凸凹不匀的表面进行涂抹从而利用模型凹陷纹理处易积颜料显色的特点来展示模型层次细节的方法，渍洗后留下的多余颜料也可以通过适当的技法被轻易铺开或去除。但是渍洗技法不能用来改变模型的色调，这种情况下我们要更多地使用罩染法，罩染法更有针对性和操控性，制作者可以利用罩染法进行区域的高光和立体感刻画，从而令这些细节区域更加引人注目。为了增强效果，我们可以使用墨水，它是一种非常高比例稀释的丙烯涂料，以及稀释的油画颜料或特定产品进行渍洗，这是一个非常有效且便捷的细节刻画方法。然而，还有很多不同的技术被用于更高阶的涂装过程中。常见的涂装技法也会有许多不同的模式，涂装者们往往会根据自己的习惯和需求来对一些常见的技法做出调整从而创造出属于自己的专属技巧。

随着我们在人物模型涂装上的不断提高，我们将发现更多复杂的技法。在本章节中我们罗列出一部分涂装技法，还将在本书不同部分的涂装实例中加以具体描述。

这些技法大多数可以用丙烯颜料、油画颜料或者两者搭配来完成。在本书中，我们不会介绍针对珐琅或其他类型颜料的涂装技法，因为在一般情况下，它们的使用较少，所达到的涂装效果也不同。

珐琅漆是很好的涂装颜料，但是基于其自身特性，珐琅漆的操作方法相对复杂。因此只有少数涂装者使用珐琅漆来得到很好的涂装效果。

手持笔刷进行一般涂装。

手持笔刷进行细节涂装。

二、丙烯颜料涂装技法

一般来说，任何丙烯颜料的涂装技法都基于丙烯颜料自身的特性。当用丙烯颜料涂装时，最重要的事情是了解它们的特性。

丙烯颜料是水性的，影响丙烯颜料的水的特性之一就是表面张力。

当我们在涂装时，如果颜料被稀释得很严重，它倾向于以水滴的形式聚集在一起，并且不能正确地流动。你会发现，特别是在非常稀释的一层漆面中，"潮痕"（通常我们说的笔痕）就是由于颜料在漆面边缘积累而成的，这种情况我们可以通过进行第二层涂装来改善。

丙烯颜料的干燥非常快，这使得我们可以在单一时间段内进行连续作业，加快涂装速度。然而，这也使得颜色之间的柔和过渡变得相对困难，需要我们使用一些特殊的技法来实现。另外我们也可以使用缓干剂在一定程度上缓解丙烯颜料干燥过快的问题。

我们在进行每层漆面涂装时首先要考虑的是丙烯颜料的浓度。如果它过于稀薄，颜料就会缺失遮盖力。对于某些特定技法来说薄漆可能是恰到好处的，但对于其他技法则不然。如果浓度过高，颜料就会缺失流动性，这时候漆面就会出现明显的笔触，甚至会掩盖模型的细节。对于大部分艺术家来说，颜料的正确浓度应该类似于牛奶。我们必须记住，当颜料在我们的调色板上干燥时，水分的蒸发会使颜料的浓度变高，使用湿盘的重要原因之一就是为了延缓这种情况的发生。当颜料变浓稠时，我们只需要加水来改善。

反之，如果我们需要将已经稀释的颜料变浓稠，就不得不添加更多的颜料或让已稀释颜料中的水分蒸发一些，使它自行变稠。

水性漆颜色 　　　　　　酒精稀释颜料

相比右图经过酒精溶剂稀释的颜料边缘柔和，表面无张力，你可以清楚地看到左图水性颜料的形状以及它的高表面张力。

正确运用丙烯颜料的笔触应能使颜料沿着同一方向平滑地延展在模型的表面上。在涂装一个区域表面时，我们应在第一层颜料彻底干燥后再进行第二层或更多层的涂装以至完全均匀覆盖该区域。用一层涂料达到完全覆盖是不可取的，因为这会带来积漆过厚的风险。

这本书中出现的大多数技法都可以用丙烯颜料来完成：用海绵做掉漆，用磨损破旧的笔刷进行纹理点戳，甚至拨溅技法，这些都将在不同模型元素的刻画章节中做详细讨论，书中的这些资源都将遵循丙烯颜料的使用技法。丙烯颜料的混合技术使我们能够在模型上创造出其他类型涂装无法达到的效果。

使用高度稀释的浅色颜料薄涂来达到手涂高光效果。

正确的人物模型涂装始于良好的基础。让我们看看创建良好基础的正确步骤。

正确地将颜料涂抹在模型上尤为重要，这会为所有后续步骤打下坚实的基础。

打草稿有助于布局模型整体的阴影和高光（见图1）。

用黑白两色预制阴影关系，在第四章中对此技巧有详细描述说明（见图2）。

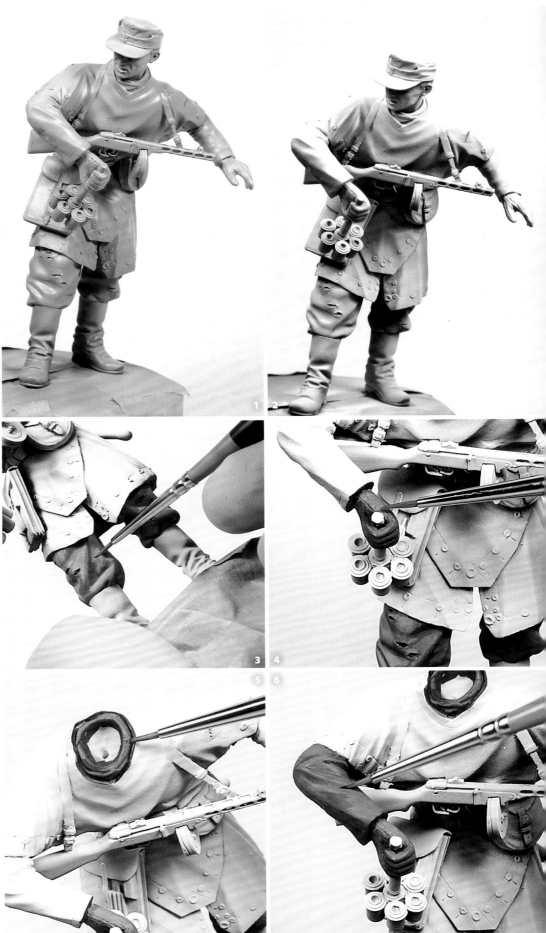

使用丙烯颜料打草稿是第一步

让我们详细讲解丙烯颜料使用的第一步：这一阶段使用的颜色介绍。德军制服的灰色域差别很大。在裤子颜色的选择上，我使用了暖色调的棕灰色。这个颜色可以帮助我展现出制服上沾染泥土等磨损状况。最深的阴影色我选用的是Reaper Miniatures的09064内衬棕。高光色使用的混色包含09160木纹棕、09433山石色和09122步兵卡其色。对于中间色调，在高光色的混色中加入少量09064内衬棕（见图3）。

灰色羊毛手套使用09064内衬棕作为阴影色，并添加09089乌云灰作为中间色和高光色（见图4）。

围巾使用09064内衬棕和09029土棕色（见图5）。

外衣颜色选用浅灰绿色。阴影色使用09064内衬棕，添加09083高地苔藓绿作为中间色和高光色（见图6）。

雨披的赭色是由09222橄榄色和09160木棕色混合而成，靴子的基本颜色是09433山石色和黑色（见图7和图8）。

弹药袋的阴影色为09160木染棕色，中间色和高光色为09029土棕色和09177迷彩绿色的混色（见图9）。

地图夹的草绘使用09137黑棕色和09224红石色（见图10）。

手榴弹的木柄使用09111焦橙色。由于这个细节部位很小并将有一个手涂木纹纹理，所以我选择只用丙烯颜料做底色，之后再用油画颜料做细节刻画（见图11）。

我对木制枪托也做了同样的处理，但颜色上使用了09243高亮橙色（见图12）。

手榴弹使用了09010松绿色。高光色为09083高地苔藓绿，阴影色为09064内衬棕（见图13）。

帽子使用09064内衬棕和白色混合（见图14）。

至此，草稿部分完成。在这个阶段中，我们没有必要进行准确和柔和的颜色过渡，这里只要用色块来定义颜色的层次。我将在下一个节中进入下一个涂装阶段。

三、油画颜料涂装技法

早在丙烯颜料出现之前，人们就发明了油画颜料。与丙烯颜料相比，油画颜料既有优点也有缺点。油画颜料的成分很复杂，有色粉、黏合剂、树脂、蜡和精油。最耐用的黏合剂是一种特别漂白的亚麻籽油。为使油画颜料漆面更具硬度和耐久度，需要不同的树脂，如乳香和达玛。蜡的成分可以使漆面柔和统一，并增加油漆干燥层的弹性。精油则能使较厚的膏状颜料液态化。根据比例和使用的成分不同，油画颜料可以有非常不同的稠度和性质，艺术家们可以根据自己的需要去改变调整。过去，艺术家们自己制作颜料，用自己的配方来获得想要的颜料性能。例如，鲁本斯使用的是他自己制作的日晒过的亚麻籽油。通过使用稀释剂和干燥剂，可以改变油画颜料的密度、黏度、透明度、干燥时间等特性。这对于画布上的绘画非常重要，因为画布的作品面积很大。相比之下，微缩模型要小得多，因此并非所有这些可能性都适用。下面让我们讲解用油画颜料涂装微缩模型的特性。

油画颜料和丙烯颜料的主要区别在于干燥时间。通常情况下，油画颜料需要3~5天才能完全干燥。并且这个时间还取决于颜料涂层的厚度，环境温度和湿度。例如，钛白可以在2~3天内完全干燥，但镉红或黑锈色却需要更多的时间。这种特性同时是油画颜料的优点和缺点。优点在于，颜料有充足的可操作时间。尤其是湿混技法（这项技法将在后面更详细地讨论），油画颜料更适用于湿混，得益于它漫长的干燥时间，制作者有充足的时间来实现完美柔和的色彩过渡。通过一些练习，油画颜料可以比丙烯颜料更方便地表现模型的完美光影关系效果。然而油画颜料的缺点在于，除非漆面完全干燥，否则我们不可能在一层颜色上覆盖另一层颜色。这意味着除非该层漆面被彻底擦除并重涂，想要纠正漆面的瑕疵我们必须等待数天的时间。

第二个重要特征是，有些美术级油画色只含有一种色素。这就意味着同一颜色在所有制造商的产品链中都会有相同的名称。那这到底是什么意思呢？"镉红"将是"镉红"，无论它是由温莎牛顿、伦勃朗、施密克或任何其他品牌制造。所有这些油画颜料都含有一种可能被命名为"PR108"的色素，没有其他色素。还有一些诸如此类的颜料：比如印度黄、钴蓝、焦棕色、钛白色等。有时不同制造商会对一些混合后的颜色进行不同命名，例如"血红""屠杀红"之类的营销名称。

最初，所有的色素都来自矿物质，或其他天然资源。后来，人们发明了人工合成色素的方法，这使得油画颜料变得更加便宜。人造色素可能有一个标号（A），意思是类似物。这些色素质量较低，耐光性较差，是适用于初学者的系列产品。所以为初学者提供的油画颜料往往会价格低廉。含有天然矿物色素的高质量油画颜料的价格可能是几百欧元。与人造色素相比，天然矿物颜料具有更好的耐光性，因此油画即使经过几百年也不会失去其色彩的饱和度。这种高质量类型的油画颜料是修复历经几个世纪的油画的必需品，只有这样才能准确复制和匹配几个世纪前的原始色调，看不出丝毫的修复痕迹。专业级的油画颜料也有较高的颜料浓度，这使得它更加不透明。专业级的黏合剂和树脂质量也更好。总而言之，油画颜料总是有相同的名字，不会因生产者而异，因为它们基于同一种特定的色素。例如，油画颜料中不会存在"场灰"这个名字，因为"场灰"色素在自然界中是不存在的。但也有可能将钛白、氧化黑和海绿石（有时标记为"绿土色"）混合在一起形式这种色调。一些制造商可以为我们提供这种颜色，可以很容易地使用它，而不用担心需要自己调和混色。描述所有制造商的产品范围是不切实际的，所有公司都有自己的系列产品，价格、质量和性能都各不相同。

美术颜料上的标签（例如：油性）是什么意思？

颜色名称： 如上所述，这是厂商为颜料产品冠上的营销名称。它通常是一种颜料的传统名称，但有时可能是厂商给用混合颜料或类似品制成的颜色起的名字。请注意，颜色名称和颜料色素名称是不一样的。颜色名称是制造商为其产品提供的产品名称，是非标准化的。

色素成分： 这是颜色代码索引色素或者用于生产这种颜料的色素的名称。所有色素均由英国染料和着色剂协会以及美国纺织化学家和着色剂协会统一制定并标准化。所有现有颜料都被记录在一张图表中，每个色素都被单独分配给一个由字母和数字组成的代码。例如，代码PV19是什么意思？这里的"P"表示色素，"V"表示紫色，19表示图表中喹吖啶酮紫色的号码。色粉也有不同的质量之分，这就是为什么有些油画颜料如此昂贵，而另一些则便宜许多。有时，可能会有一个额外的标号（A），这意味着它是一种仿天然色素的人工合成色素。这种人工色素更便宜，但并不耐用，主要用于为初学者打造的系列颜料产品中。一些传统的颜料，如铅或锶，是有毒的，现在它们已经被更安全无毒的人造色素所取代。颜料可能包含几种不同的色素，以形成特定的色调：这些颜料常被冠上由制造商命名的特有名称，如"俄罗斯绿""恶月黄"或其他任何名称。

不透明度等级： 这是表达颜料不透明度或透明度的标识。对于微缩模型涂装来说，这是最重要的特性，因为微缩模型的尺寸与画布的尺寸相比非常小。此外，画布是平的，但微缩模型有着立体浮雕特征。对于艺术家来说，色彩的亮度和饱和度是最为重要的属性，此外色彩的耐光性和耐久度也非常重要。漆面的厚度并不重要，除非是受限于某种特定技术（如厚涂法）需要。对于微缩模型涂装来说，保持漆层尽可能薄是非常重要的，这样模型的细节就不会被厚重的漆面所掩盖。因此，使用少层实色漆层比使用多层半透明漆层更加容易。另外我们还要记住，所有漆层都需要干燥时间。

不透明度标签是什么样子，它们是什么意思？

最不透明的颜色使用黑色正方形标记，它们是微缩模型涂装的最佳选择。

半不透明的颜色使用一个分为两半的黑白正方形标记。它们也适用于微缩模型涂装。

半透明涂料使用白色正方形标记，用线一分为二。最好将它们与不透明的颜色混合使用。纯半透明涂料适用于罩染法。

透明涂料使用白色正方形标记。它们更适合罩染法，也适合与不透明的颜色混合使用。

一些厂商用中间带字母的圆圈来代替正方形，如T、ST、SO和O，或者在包装上写上"不透明"。这些标记与其他艺术家颜料相同，例如丙烯颜料。

使用载体： 这是用于生产该涂料的黏合剂或溶媒的名称。对于油画颜料来说，载体通常是亚麻籽油，因为它是制造固定色粉的最耐用媒介。

耐久性等级： 该标记显示了该颜料在自然环境因素影响下的耐久性、色素随时间变化的稳定性，以及该色素与其他颜色混合时的

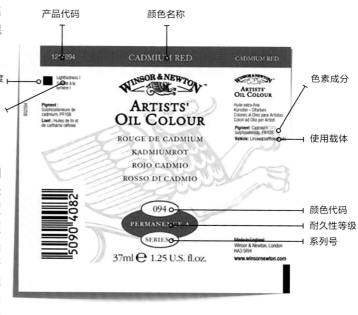

产品代码　　　　　颜色名称

不透明度等级

ASTM等级

色素成分

使用载体

颜色代码

耐久性等级

系列号

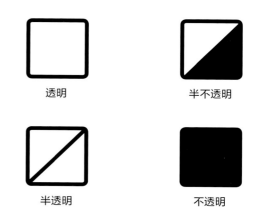

透明　　　　　　　半不透明

半透明　　　　　　不透明

表现等级。对于耐久性等级来说并没有统一的国际标准。例如，温莎牛顿使用字母标记它们的颜料：AA代表极佳耐久性，A代表好耐久性，B代表中等耐久性，C代表差耐久性。其他制造商可能会使用其他符号，如"***"或"+++"，其中符号重复越多，表示其耐久性越好。

耐光性等级： 该属性表示颜料的耐光性，即色素在光照下的耐光性。请注意，一些制造商可能会将耐久性等级与耐光性结合起来，只标注"耐光性"。也可能用例如"***"或"+++"这样的符号来表达。有时，耐光性等级也有可能使用罗马数字标记，从"I"到"V"，其中"I"是最佳耐光性，"V"为最差。这是美国材料试验学会（ASTM）制定的标准。

系列号： 该数字显示定价级别。系列1是最便宜的，是为初学者量身打造的，它含有许多人工合成色素。一般来说，系列1就已足够满足微缩模型涂装。系列2、3及以上为更高级别的颜料。数字越高，质量、颜色范围和价格就越高。在每个系列中，还会根据色素成分价值的不同进一步

做不同的价格分组。

颜料包装也可具有ASTM标准符合性规范等级和ACMI无毒密封标记。该类标记表明颜料无毒,对我们的健康无害。

现在,让我们看看油画颜料作为一种涂装材料的特性。大多数爱好者一直在研究丙烯颜料的使用。当他们第一次尝试使用油画颜料时,可能会感到失望,因为他们掌握的几乎所有的丙烯颜料技术都不能用于油画颜料上。并不是每个人都愿意改变他们已经熟悉掌握的技法,也不是每个人都愿意持之以恒地学习如何使用这种新的颜料,因此在经历第一次失败的尝试后,他们往往会放弃尝试而错过了许多油画颜料可以提供的可能性。如果我们了解一些油画颜料的优势的话,那么学习了解油画颜料是个更令人愉快的过程。模型涂装圈中有很多使用油画颜料的正确技法,但我会描述我的方法。这是通过不停试验和失败而总结的技法,它尤其适用于小面积表面和微型浮雕涂装。

所以,让我们暂时忘记在丙烯颜料上使用的技法。因为油画颜料具有完全不同的稠度、黏度、不透明度和干燥时间,所以丙烯技法并不适用于油画颜料。

如上所述,油画颜料和丙烯颜料之间最根本的区别在于前者有着很长的干燥时间。这个特性允许我们使用一种简单的技术,称为湿混法。这是什么意思呢? 如果我们想要达到两种颜色之间的平滑渐变,我们可以直接在模型表面进行颜料的混合操作,而无需混合大量中间色并逐层薄涂达到过渡。相反,我们可以只使用两种实色,在模型上涂抹两个色区,并混合两种颜色的交界位置即可。

湿混法也可以应用于丙烯颜料,但丙烯颜料的干燥速度要快得

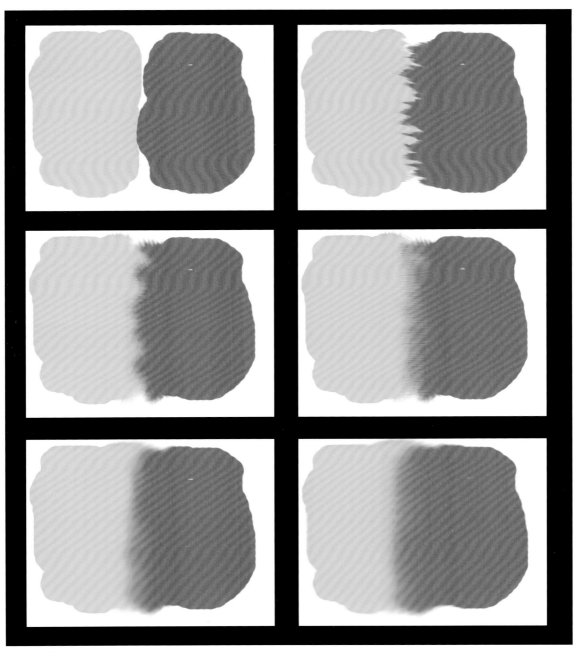

湿混法范例。

多。油画颜料可以保湿很长时间，这使我们能够有足够的时间达到一个完美的柔和颜色渐变。此外，与其他技法（如薄涂多层）相比，该技法速度更快，因为我们不需要许多层中间色调来进行过渡。这意味着，在进行颜色过渡混色时，要想获得相同的结果和质量，相比使用丙烯颜料调制中间色并进行多层薄涂而言，使用油画颜料将要快得多。但是，不便之处在于我们需要等到油画颜料完全干燥后（往往需要几天的时间）才能进行下一个阶段的作业。我推荐大家使用湿混法作为油画颜料涂装微缩模型的基本技法。

现在我们来谈谈油画颜料的另一个重要特性。当我们第一次把它们挤到调色板上时，加入稀释剂，从而使它们更适合使用。在我们试着在模型上使用湿混法时，就会发现油画颜料很容易在模型表面上滑动。由于颜料过滑没有附着力，我们甚至可以在涂完第一层之后马上进行第二层涂装。我们同样也不可能像在画布上那样使用厚层涂法，因为我们必须保证模型的浮雕纹理细节清晰可见。使用丙烯颜料的艺术家们都知道，我们需要稀释丙烯颜料，然后再进行逐层薄涂。但如果我们想要保持模型的浮雕纹理可见，则此技法并不适用于油画颜料。油画颜料太黏稠，即便是单层漆面仍然会感觉过厚和粗糙。大量的笔痕会被破坏模型的图案细节，这是习惯于使用丙烯颜料的涂装者们常犯的错误。然而，颜料的黏度可以用另一种方法来利用。优质的不透明油画颜料（请记住，它们标有黑色正方形标识）含有高浓度的色素。一个更好的方法是不要添加稀释剂：相反的，稠度就是解决的方法，我们可以把颜料抹到模型表面上。膏状油画颜料中含有足够的色素去实现一层既薄而又具遮盖力的不透明漆层，同时笔痕也将难以被察觉。通过一些实践练习，你会找到一种合适的颜料稠度。有时如果颜料本身并不太浓厚的话，我甚至会直接使用它们，并不加以稀释。如果颜料太硬而无法直接用笔刷涂抹的话，我们就加一点稀释剂来改善。如上所述，大多数情况下，不透明或半透明的颜料是最好的选择，但如果你需要的某一种颜色在市面上只有透明颜料可供选择的话，则可以将这种透明色和其同色调的不透明颜料混合。一些具有高饱和度的颜色混入钛白色可以得到非常暗淡的透明色。但要记住，要有效使这种技法，我们需要一个不透明的薄漆层。

我们必须提到一个大多数初学者常犯的错误，在他们第一次尝试使用油画颜料时，往往因为过于小心而使用过少的漆量。他们会试图在一个大的表面上涂上过少量的颜料，使得这一层太薄、太透明，看起来很不准确。

油画颜料不能乳化形成漆层，相反，颜料在模型表面过于分散，形成诸多的漆点。要解决此问题，我们需要用笔刷在模型表面涂抹更多的颜料。

颜料不够的错误范例。

现在我们讨论下一个关于油画颜料使用的重要提示。即使是不透明的颜料，如果进行薄涂的话，也不会有完全的遮盖度。有时我们可能会看到模型上有一些令人不快的半透明斑点，这会破坏整个模型的观感。当这种情况发生时，我们需要等到第一层完全干燥后再涂第二层来进行瑕疵纠正，然后再等待第二层干燥。使用丙烯颜料涂装就没有这样的烦恼了，因为它的干燥速度非常快。因此一个更好的解决方案就是将这两种技术结合，充分合理利用两种颜料的优势。与其用油画颜料涂所有涂层，不如使用丙烯颜料做第一层涂层：草图涂层。然后我们再用油画颜料在此基础上做更精细、更准确的细节涂层。在上面章节中我们提到了如何快速绘制草图。快速绘制草图的主要优点是能够让我们更快速地获得漂亮的涂装效果。草图涂层漆面看起来并不平滑细腻，但它的作用是让我们设想模型的最终视图效果，通过确定所有颜色和变化的正确位置来进行构图。之后，我们可以在草图涂层上用油画颜料进行精涂，使其更加精确和柔滑，这样就可以大大降低产生漆面可见缺陷的概率，因为我们是在同样的底色漆面上进行半透明色的覆盖，而不是直接覆盖在裸露的灰色补土上。通过这种丙烯颜料和油画颜料结合的方法，我们既可以节省大量时间准备底漆涂层，又不必担心油画颜料半透明薄涂时带来的遮盖力不足的问题。在本章的后续内容中，我们将从头到尾详细演示这种混合技法的所有步骤。

用于画布的古典绘画的毛笔种类非常广泛，它们有许多不同的类型，并由不同的材料制成。笔头形状可分为尖、扁、椭圆等，笔杆的长度也各不相同，笔毛的种类和质量也多种多样，有人工合成与天然鬃毛之分。但我们必须记住，微缩模型比画布小得多，而且并非所有这些毛笔对我们都适用。接下来我选择了几种类型的毛笔，它们对微缩模型涂装很有用。下面是我用来画油画颜料的三类毛笔。

第一类是将颜料涂在模型上所需的毛笔——这些毛笔有比较锐利的笔尖，与丙烯颜料使用的毛笔类似。对于相对粗糙的应用，您可以使用比较便宜的人工合成毛笔或低等级天然毛笔。对于刻画细节来说，天然貂毛笔则是最好的选择。切记，油画颜料对笔刷的腐蚀性很强，黏稠厚重的颜料会很快地耗损笔刷。这就是我建议大家使用便宜的毛笔来处理不太重要位置的原因，高质量的毛笔应当用于精细作业。另外请大家记住，笔刷是消耗品。最好的笔刷有圆形的笔肚和尖尖的笔锋，笔毛可以是合成毛、鬃毛或科林斯基黑貂毛。我建议大家选用具备中等长度笔毛的笔刷来进行大部分作业。长毛笔刷更适合线条的勾画，但是较难控制。短毛笔刷因为没有足够的笔肚来吸收水分与颜料，因此并不适合常规大面积涂装，仅适用于细节刻画。

第二类更为普遍，是用于混色、纹理和精细细节刻画的笔刷。我可以推荐几种类型的笔刷：用科林斯基黑貂制成的天然笔刷非常适合进行柔和的混色过渡。对于不同大小的作业区域，最好使用"猫舌"形的笔刷。根据

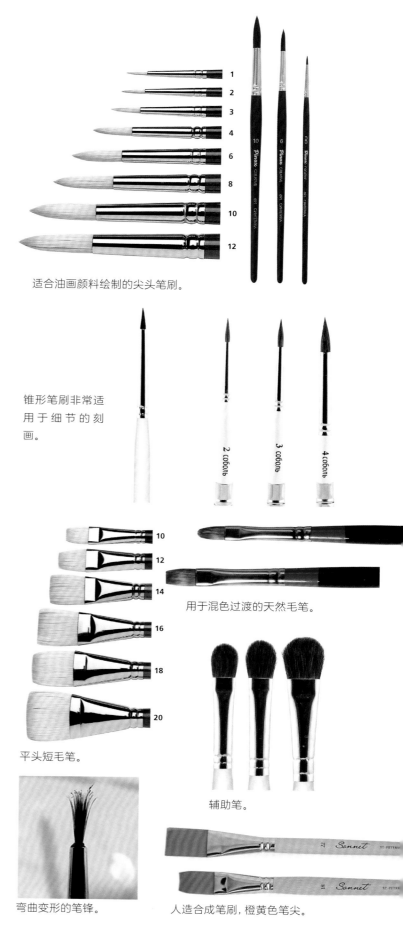

适合油画颜料绘制的尖头笔刷。

锥形笔刷非常适用于细节的刻画。

用于混色过渡的天然毛笔。

平头短毛笔。

辅助笔。

弯曲变形的笔锋。

人造合成笔刷，橙黄色笔尖。

需要，它们的尺寸可能会有所不同。另外请记住，因为微缩模型的尺寸很小，使用大号毛笔是完全没有必要的。

平头笔刷是另一种用于混色过渡的选择。

尖头的圆形或锥形貂毛笔刷并不适用于区域的混色过渡，但是它们适用于精确的细节混合或细线绘制。有时，我们需要画一个非常粗糙的纹理，这时候短毛平头笔刷可能会很有用。

第三类是辅助笔刷。有时，笔痕因为太过明显需要被清除。这时，我们可以使用松鼠毛制成的软刷子来进行作业。我们需要非常小心，使用非常精确且轻柔的笔触，用这种类型的软笔刷来移除笔痕。

对于混色过渡和绘制精细细节，我们不推荐使用

合成毛的笔刷，因为即使是最昂贵的合成毛笔也有一个很大的缺陷。即使是使用时间很短，合成毛笔锋也会产生卷曲。这对柔和混色过渡来说是绝对不能接受的，成功混色过渡的最重要因素之一就是笔刷具有完美的笔锋。正如你在图片中看到的，这弯曲的笔锋使得毛笔无法适用于精细细节的刻画。

除此之外，市面上还有许多其他类型的毛笔，但由于它们的尺寸关系，对微缩模型的涂装并没有用处，例如扇形毛笔。在任何一家艺术用品商店里，我们都可以找到各种用不同种类的天然毛制成的毛笔，如山羊毛、骆驼毛、小马毛或牛耳毛。它们之间的区别在于毛的弹性。

顺便介绍一下，山羊毛耐高温，适合用于操作热蜡。但这个

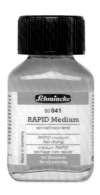  

属性对于微缩模型涂装并不重要，因为它的使用可能性非常小。在所有的天然毛中，最适合制作微缩模型的是科林斯基黑貂毛。当我们选择天然毛笔时，可以通过笔毛的颜色来判断。合成毛笔刷的笔毛通常为橙黄色。

下面，我们需要介绍一些油画颜料艺术的稀释剂和其他溶媒。在这里我们没有足够的时间与空间来描述来自所有制造商的所有产品。因此，我们将重点介绍一些在任何一家艺术用品商店都能找到的常用产品。在这里，我们必须再次强调：对于微缩模型涂装，我们并不需要绘制油画所需的全套产品，因为模型的表面太小，无法完全发挥油画颜料的所有艺术特性。例如，我们可以忽略油画颜料的耐用性和耐光性，因为模型不会暴露在阳光直射或雨水中。对我们来说，选材需要考虑的重要因素是：漆层的厚度、干燥时间长短以及完成后漆面的平滑度。稀释剂有很多种，如酒精、油或者混合溶媒，稀释剂的主要目的是使油漆更具流动性，更易于涂抹，较稠的油画颜料往往很难使用。

第一类是对微缩模型涂装最有用的酒精类稀释剂，如汽油和松节油。汽油是通过石油蒸馏的制品，我们可以将其用作稀释剂、笔刷清洁剂和油漆清除剂。它蒸发得很快，可以减少颜料的干燥时间。酒精稀释还会使油画颜料更加亚光，这对绘制人物模型服装很有帮助。另一种稀释剂是松节油，它是一种由松脂制成的有机产品，其工作原理与汽油基本相同，但会延长颜料的干燥时间。松节油的气味很重，比汽油更具毒性。

第二类是油和混合溶媒。我们在此仅做简要讨论，因为它们的优势主要体现在大面积的画布绘制上。油和混合溶媒的作用不仅是稀释颜料，而且能同时保持和增加颜料层的弹性和耐久性。用油稀释的颜料看起来颜色饱和度更高，因为它们更具光泽度。但是，这对微缩模型涂装来说并不好，因为它使人物模型看起来不真实。油也会因其成分而各有不同，这会影响溶媒的颜色、耐久性和漆膜的弹性。

第三类是加速溶媒，也称为速干剂。这些添加剂对于使用油画颜料进行微缩模型涂装非常有用，因为它们可以缩短颜料的干燥时间。但同时它们也有潜在的缺点，那就是会增加油漆的光泽度。这些添加剂一般为液态，并具有不同的颜色和黏度。我们可以根据需求选择最适合的溶媒。

使用油画颜料与使用丙烯颜料不同。油画颜料需要几天的干燥时间，因此不需要湿盘来调色。被挤压在调色板上的颜料可保持稠度和湿润度1~2天。在涂装作业期间，我们可以把调色板放在冰箱里冷藏从而让颜料保持湿润更久。最简单的方法是使用一次性塑料盘作为调色板。因为要在塑料板上清洗干燥的油画颜料并不容易，所以使用新的一次性塑料盘更加方便。我不建议使用纸板调色，因为纸会吸收油，这样会令油漆变厚变稠，导致无法用笔刷刷涂。我在这个模型身上涂的所有油画颜料都是未经稀释的。正如我上面所说，它有助于绘制一个非常薄而不透明的漆层。我所选用的颜色品牌是Royal Talens和Nevskaya Palitra，我们也可以使用任何其他品牌，如Winsor&Newton、Schmincke、502 Abteilung等。这些颜色都是我们在任何品牌中都可以找到的基础色。

如果对使用油画颜料没有任何经验，我建议先在一次性的表面上练习一下，比如一块塑料。它将帮助我们了解油画颜料的物理特性，如黏度和不透明度。所有的颜色将保持湿润至少一天时间，这对混色过渡来说是相当充足的。然而，这也是我们需要小心的原因，每次只能在两种颜色之间进行混合。例如，在高光和中间色调之间混合，以及在中间色调和最终阴影色之间进行混合。两种颜色的混色容易，我们没有必要同时混合多种中间色。

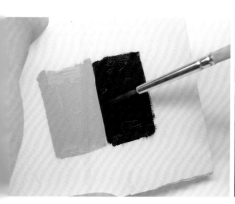

用这种笔刷可以很快地将两种颜色混合在一起。

继续混色，我们需要改用另一个具有圆形尖端的笔刷。对于大的平面，我会使用好的平头笔刷，或"猫舌"笔。首先让两种颜色重叠在一起。在较大的平面中，我们可以在颜色交接的边界处垂直运笔走线开始混色。

接下来，我们可以沿边界纵向运笔走线使边界过渡更加柔滑。用笔刷的尖端绘制线条。另外清除笔刷上多余的油漆非常重要，我们可以快速在手指或纸张上擦拭笔刷来清除多余颜料。

这需要一些练习实践。笔触必须轻柔而细腻，以避免颜料附着不上。最后一步则是移除笔痕，或制作纹理。我们需要用笔尖轻轻地戳涂或点涂。如果用力着笔或者用硬毛笔刷，就会得到一些明显的纹理。如果着笔力道很轻柔，那么纹理将是平滑、柔和的，例如我们进行人物模型皮肤的涂装。更大的着笔力道适合用于粗糙纹理质感的涂装，例如羊毛材料或皮革的纹理（见图1）。

如果模型细节非常小，我们最好只使用点涂法来进行混合渐变，因为模型表面并没有足够的空间来进行更长笔画的作业。在较大的表面上，我们可以使用由松鼠毛或山羊毛制成的较大笔刷，但是记得别忘了持续擦除笔刷上多余的颜料，刷子必须尽可能地保持干燥（见图2）。

这是一个完成的颜色过渡。当颜料完全干燥时，漆层会变薄，笔触会变轻。经过一层消光保护漆的加成，任何笔触都将完全消失（见图3）。

一旦开始了解油画颜料，我们就会明白为什么每次只混合两种颜色是如此重要。当我们使用油画颜料时，颜料一直是湿润的，所以需要一些练习来保持颜料被控制在想要着色的形状和边界内。如果不使用中间色而直接混合高光色和阴影色的话，那就可能会破坏涂装效果。如果配色本身包含两种或两种以上颜色的话，我们有可能会得到一种错误的混色，让我用下面的例子来解释原因。

我们可以在色彩边界上混合，并获得渐变效果。

但对于一个模型来说，我们大部分情况会使用更复杂的颜色和混合色调。所有颜色都具有自己的空间和形状区域。请记住，所有颜色在潮湿时都是可以操作的。通常，颜色渐变包含几种色调，例如阴影色、中间色和高光色。在这个例子中，我们使用了完全不同的颜色。

如果我们把所有的颜色混合过渡得很好，将会得到一个平滑的渐变效果，如上图所示。

但有时，中间颜色的空间太小甚至缺失，或者中间色形状改变，那么就有可能把错误的颜色混在一起。渐变看起来会很不自然，整体涂装效果会被影响。

这是一个因错过过渡阶梯步骤而常犯的错误。如果我们只是要把简单的颜色混合在一起，比如黑色阴影和白色高光，这可能并不是问题，因为中间色仅仅是灰色，但制服颜色更为复杂。例如，深棕色阴影到白色高光的渐变就需要赭色作为中间色调。省略赭色会使渐变完全不同，整个制服的颜色也将是错误的。现在我们已经了解了这一点，我可以展示一些使用油画颜料的实际步骤。

我继续用油画颜料进行之前的人物模型涂装。因为油画颜料的干燥时间很长，我可以在调色盘上预先调好所有将要用到的主色调。包括阴影色、中间色和高光色。这里所用的颜色是原棕色、印度黄、橙赭色和钛白色。记住，这些颜色是可以在任何颜料品牌内找到的基本颜色。因此，我们不需要记住色号，只需记住颜色名称即可。

接下来，我将预先混合好的颜色应用到之前用丙烯颜料绘制的颜色草图上：阴影色调覆盖在草图阴影位置，中间色覆盖到草图中间色位置，高光色覆盖草图高光位置。我仅仅是用油画颜料按之前制作的颜色草图进行重复操作。我们可以使用聚锋良好的天然毛笔或合成毛笔来进行操作。

此时，上色的顺序并不那么重要，我们可以从高光色也可以从阴影色开始上色。因为所有颜色都会保持湿润，只需将它们涂抹在正确的位置即可。但是，针对任何亮色涂装，例如白色、黄色、天蓝色或其他颜色，我们最好从高光色开始。此外，更换颜色时保持毛笔的清洁非常重要，任何一小块残留在笔尖的上一层余色都会破坏下一层色彩的原色纯度。所以，我们需要在更换不同颜色时完全清洁毛笔，或者针对每种颜色使用专用毛笔。

当所有颜色都处于正确的位置时，接下来我们开始对其混合并在它们之间进行平滑过渡。我首先使用一根柔软的圆头笔刷对人物肩部顶端的高光色和中间色进行混合过渡（见图1）。

对于比较小的衣服褶皱和暗色部位，我使用一根更小号的圆头笔刷进行操作（见图2）。

请不要忘记，涂完每一对颜色过渡后都要彻底清洁笔刷，清除笔刷顶端残留的多余颜料。当模型的上半部分颜色过渡完成后，我对下半部分重复同样的操作。请记住，我们要根据涂装区域的大小来灵活使用不同尺寸的笔刷，大号毛笔进行大区域的涂装，小号毛笔反之（见图3和图4）。

此时调色盘上的油画颜料由于保湿仍然可以使用。图中所示的棕色围巾的阴影位置使用了原棕色，高亮位置则使用了橙赭色作为高光色（见图5）

图中所示的涂装位置由于非常小，需要使用点戳混色法，这时小号的圆头笔刷更加适合这项操作（见图6）。

对于腰带，我可以使用调色盘上已有的颜色，再加上少量的黑色，因为黑色皮革往往是棕褐色的。我使用氧化黑对阴影位置进行涂装，对于中间色和高光色，我分别添加了钛白色和一点橙赭色（见图7）。

把不同的颜色涂在模型上（见图8）。

在图中所示的极小区域进行混色过渡时，聚锋良好的小号笔刷往往是最佳选择（见图9）。

接下来，我使用了氧化黑、橙赭色和镉深红色等多种棕色来进行地图夹的涂装（见图10）。

将上述几种颜色涂抹在地图夹上后，使用小号圆头笔刷开始混色过渡（见图11）。

对于地图夹上皮革的划痕和磨损边缘表达，我使用纯橙赭色直接涂抹在湿润的底色漆层上，这将有助于使这些印迹表现得更加平滑、自然（见图12）。

弹药袋的深绿色由氧化黑、印度黄、永久性浅绿色和钛白色混合而成。请注意，印度黄和浅耐久绿是半透明颜色，但因为我将它们与不透明的颜色混合，因此最终合成的混合色是不透明的（见图13）。

同样使用小号笔刷来进行混色（见图14）。

波波沙41型冲锋枪的木制部件上的阴影色使用了原棕色和橙赭色的混合色，使用橙赭色作为高光（见图15）。

给枪托上色。另一种用油画颜料制作木材纹理的方法是用牙签在湿润的颜料中画线（见图16）。

为了表现木头老化和枪械的机油质感，我使用原棕色直接涂抹在上一层湿色上（见图17）。

外衣选用了浅绿色调的灰色。阴影色由氧化黑和永久浅绿色混合而成。高光色由钛白和海绿石色混合而成。至于中间色，我将这两种混合色再次混合而成。

这里使用细笔上色，混色和纹理的绘制同时进行。我建议大家使用短毛和圆头或平头笔刷。这里我们只使用点戳法，以用力的笔触画出不规则的小点和痕迹。为了使粗羊毛的质地更粗糙更明显，我在现有颜色中加入了大量的钛白和一点海绿石色而混合出另一种中间色做了一些点画，使纹理质地更随意自然（见图18和图19）。

我使用相同的点戳法对磨损的衣袖进行上色，颜色选用原棕色（见图20）。

我们需要等待油画颜料完全干燥之后才可以继续用丙烯颜料刻画细节。这里我想提醒读者朋友们，油画颜料比丙烯颜料对笔刷的危害更大，特别是当使用不含稀释剂的厚油画颜料时，很容易导致笔刷的毛脱落。所以大家一定不要忘记好好清洗笔刷，在每次作业后都要用护笔膏来保养笔刷。

当油画颜料干燥后可能会呈现光泽效果。这并不适合表现衣服布料和其他亚光材料。此外，如果我们计划用丙烯颜料绘制接下来的模型细节，这也会造成一些麻烦。任何水溶性液体都不会很好地黏附在任何涂有油性物质的表面上，它们会变得很容易脱落。所以，我们需要用珐琅亚光清漆在油画颜料表面进行覆盖从而使它对水性（丙烯）颜料有更好的附着力，使水性颜料能很好地覆盖在干燥的油画颜料表面。我可以推荐一些市面上常见的模型用珐琅亚光清漆：Humbrol matt Cote、Tamiya Flat Clear、Revell的亚光保护漆或其他类似品牌均可。但是所有这些清漆都需要珐琅稀释剂配合使用。

我们可以笔涂或喷涂上面提到的亚光保护漆，笔涂与喷涂各有利弊。喷涂作业的好处是速度快，覆盖面均匀。缺点是会带来一个风险，如果操作不当的话，模型表面会形成一层类似白霜的薄膜，俗称

发白，这会严重破坏整个模型的外观。此外，这层白色涂层容易产生小块灰尘，需要用镊子去除。而笔涂速度较慢，必须分几层逐层进行，从而获得良好的覆盖效果。对于较大的区域，笔涂保护漆很难得到像喷涂一样完美均匀的漆面，但是笔涂不会出现"白霜"的风险。还有一种选择是，我们可以使用上述品牌的丙烯消光保护漆喷罐来达到同样的效果。

我们也使用适合户外环境的丙烯亚光清漆，例如汽车、摩托车或家具表面使用的清漆。这些保护漆比模型专用清漆更加耐用，然而，这种清漆比真实效果更偏向于半消光而非纯亚光。另外并不是所有的户外用涂料都适用于覆盖在水溶性丙烯颜料上。

使用喷雾设备涂装可以快速均匀地覆盖模型表面，但同时会带来模型表面出现"白霜"的风险。

经过消光清漆的加成，现在油画颜料呈现出完全亚光的效果。但同时我们也能注意到，亚光漆面下的颜色变浅，饱和度也有所降低，尤其是在阴影位置。通过图中消光前后的对比，我们可以看出，原本应该是黑色的区域现在更趋于暗灰色（见图22）。

针对我们范例中的模型，我选用喷笔喷涂田宫XF-86消光清漆（见图21）。

和亚光效果相比，光泽效果总是显得更深，饱和度更高（见图23）。

这是一条无法避免的物理定律，但我们可以减轻饱和度降低带来的负面影响。那么，亚光清漆和光泽漆之间有什么区别呢？亚光清漆含有微颗粒，通常是土浮石，这些微颗粒使清漆干燥后形成粗糙的表面。光通过几乎完全透明的表层被反射回来，但部分光被清漆粗糙的表面颗粒漫反射，导致表面看起来呈现亚光效果。

因此，光的漫反射使亚光清漆表面下的颜色显得并不鲜艳。换言之，光泽漆则使颜色的饱和度更高，因为较少的光线会被漫反射。

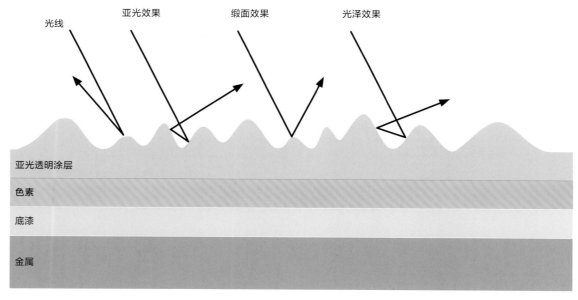

这里我们重点讨论一个常见问题——令人不快的"霜状"清漆，即意外出现的发白涂层。通常情况下有三种原因会导致这种"白霜漆层"的出现。

（1）清漆使用前没有充分摇匀。结果是清漆干燥后出现白色污块。这是因为颗粒在清漆中的分布不均匀，形成污点的位置含有更多的颗粒，因此呈现白色。不幸的是，在这种情况下，整个作品涂装通常会被破坏。如果污块不太大，我们可以用棉签尝试将其擦除。否则，我们需要用一些稀释剂把它们洗掉，操作时需要非常小心，以免损坏下面的漆层。

（2）使用喷笔后出现的均匀浑浊涂层。这是因为颗粒没有完全覆盖模型表面区域。一个原因可能是清漆过稀。非常稀的油漆有助于其在喷笔笔尖产生更好的流动性，但太多稀释剂会导致清漆的颗粒密度不足以覆盖模型表面。结果由于颗粒在模型表面上不均匀堆积，造成局部显色过于明显（像白色灰尘一样）。如照片消光漆"之前和之后"对比所示，这种情况在深色上的表现更糟。出现这种情况的解决办法很简单：我建议用笔涂的方式再刷一层亚光漆。此外，艺术创作用的亚光漆无论油性和水性都会对其有所帮助。制造商中，如温莎和牛顿或皇家泰伦，都有这种亚光清漆。实际上，它们更像半消光漆，我们只需笔涂薄薄一层即可恢复之前失去的颜色并除去"白霜"。我建议使用这种方法来恢复深色和明亮、深沉的颜色，例如：红色、蓝色、绿色和其他颜色。

如果被覆盖的漆层吸收了清漆中的液体使得清漆中的微颗粒直接暴露在模型表面，这也可能会导致模型表面出现"白霜"现象。这种情况更容易发生在丙烯颜料上。厚而松的漆层也有吸收清漆的可能性。为避免出现此问题，我们最好在漆层表面覆盖一层薄薄的光泽清漆，以防止亚光清漆被漆层吸收，然后再涂一层亚光清漆。有必要的话，我们可以笔涂艺术创作用的亚光清漆来去除可能出现的"白霜"。

（3）使用喷罐保护漆造成的白霜现象是我们最不愿意看到的。它看起来像一层厚厚的、粗糙的白霜，是完全不可逆的。

造成这种情况的原因是湿度过高。空气中的水分随喷雾凝结，破坏微颗粒的均匀分布。在这种情况下，整个作品基本被完全损坏，唯一的解决办法是洗掉重涂。

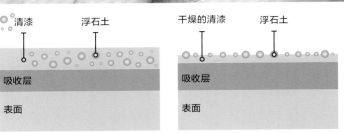

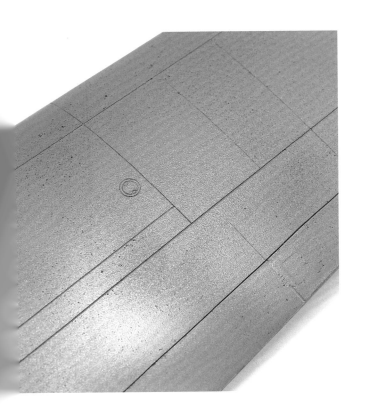

图中所示为Tamiya亚光清漆喷涂后加涂一层艺术创作用的亚光清漆的效果。等清漆干透后，我可以继续用丙烯颜料绘制迷彩和纹理等细节。

四、罩染法

罩染是一种用高稀释度颜料涂在另一颜色漆层上的涂装技法。第二层漆变干后，就会改变第一层漆的色调，同时又不会完全覆盖第一层漆色，两层漆色的相互作用使得模型的表面色彩更加丰富。罩染法可以将几层漆色以几乎难以察觉的方式叠加在一起，直到整体色调发生微小的变化。罩染法同时覆盖亮域和阴影区域。可以说，罩染法是一种滤镜效果，它可以微妙地罩染整个特定区域，从而改变其色调。这种分层添加颜色的方法，可以使模型色彩产生非常细微的变化，我们添加的层数越多，这些变化就越明显，从而获得绝佳的效果。罩染法是一项非常重要的技法，它将给我们的模型添加更多的层次和复杂度，提升模型的观感。罩染总是作业流程中的最后一步，例如用来表现人物血液循环产生的典型的红色区域、下巴上胡茬的灰色区域、疲劳时眼窝中带有的典型紫色色调或战斗时产生的污垢等。

罩染法可以使用丙烯颜料、珐琅漆或油画颜料来完成。但是，稀释度要在95%，并且我们要用棉布吸取笔肚上的大部分水分后再进行实际上色操作。

我们可以使用罩染法为皮革添加色彩，在阴影区域添加互补色，为金属区域添加反射高光，以及为模型上的更多区域添加色彩。

我们接下来用人物模形的面部涂装作为范例说明。

罩染总是作业流程的最后一步。如图所示，现在我们缺少人物肤色因血液循环造成的红晕，下巴上的胡茬灰色，眼窝位置因疲劳造成的紫色色调，或者战斗中产生的污垢。

我们将准备第一层罩染，重点放在鼻子部位，我们想让它变得更加红润，因为它是一个高血流的部位，也是一个通常容易被太阳灼伤的皮肤部位。这里我们使用品红色调。

我们要记住，罩染的目的是轻微改变特定区域的色调，同时要保持罩染之前色彩的光影关系。因此，我们必须添加大量的水来稀释釉色。水与油漆的比例必须大于9:1，近乎用带有一点点颜色的水来涂装。图中所示为获得正确稀释度的秘诀。

通过在同一方向上叠加几种有色罩染，我们可以获得非常柔和干净的颜色过渡。

我们也可以通过罩染法来柔化两种颜色交界处的明显过渡，使其变得自然柔和。

H₂O
0%
15%
30%
60%
75%
90%

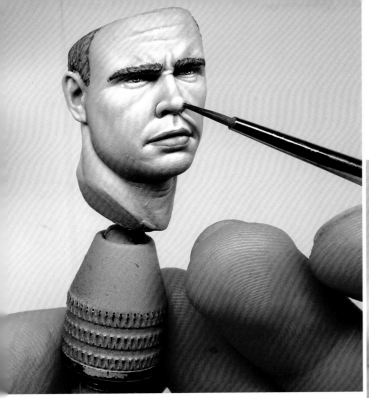

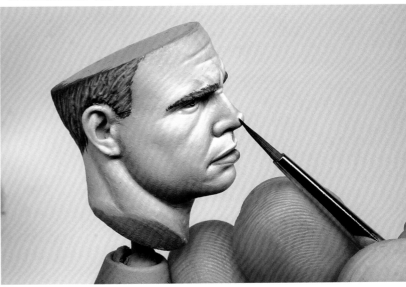

我们应该尽可能多地进行多层罩染，一层干燥后再上另一层，直至得到我们想要的结果为止。一般我们进行十层罩染后的颜色变化也未必像图例中那样明显可见。

如果我们想画胡须的阴影，可以用罩染法来表现几天不刮胡子的感觉。如图所示，鼻子上的罩染层数越多，显色越明显，模拟的晒伤程度就越显严重。

在我们润笔后，必须吸去笔上多余的水分。因为罩染非常稀薄，过多的水分会带来溢漆的风险。我们先涂一层，并等它干燥。此时可以看到，在第一层罩染之后，模型的颜色变化非常轻微甚至难以觉察，这表示我们的操作是正确的。

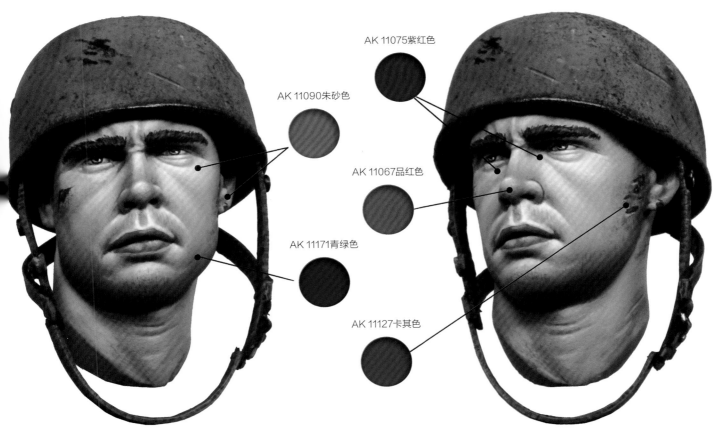

AK 11075紫红色

AK 11090朱砂色

AK 11067品红色

AK 11171青绿色

AK 11127卡其色

多亏了罩染法，除非我们的想象力有限，否则我们能获得几乎无穷无尽的丰富色彩。在这个例子中，可以看到多种效果：从明显的差别到几乎难以察觉的细微色差。正确使用这些元素的结合可以带来更加真实的最终效果。我们可以

看到，如何使用品红色在鼻子上模拟血液流动和日晒对皮肤的影响，青色使暗淡胡须的区域看起来不像刚剃过的样子，绿棕色表示污垢，耳垂和颧骨上阴影位置的红色和紫色则可以模拟血液循环对皮肤的影响。

五、点画法

点画是一种可以将平滑表面转化为纹理表面的涂装技法。这种效果是通过基于密集小点的叠加产生的光学错觉而实现的。我们不是用均匀光滑的漆层覆盖模型表面,而是通过密集的小点来覆盖。

以这个二战期间的德国水壶为例,它的面料非常粗糙,纤维质感非常明显。虽然这一次厂商对纹理进行了刻画,但我们将通过点画法使纹理更加明显(见图1)。

第一步是打底。和往常一样,当我们打底时,会用薄涂多层的方法,直至得到均匀扎实的颜色。我们可以涂一些高光色来体现模型的立体感(见图2)。

AK11125
灰棕色

调出亮色,就像我们使用传统高光时的调色方法一样。接下来我们要注意的是,笔刷着漆准备涂装时要保持笔尖锐利(见图3)。

现在是这项技术的独特部分。我们将仅使用毛笔尖端来涂装高光色,我们用笔尖点画出大量不规则的小点直到表面被全部覆盖(见图4)。

就这样每涂一层,我们都会使用更浅的颜色,并减少需要覆盖的面积。不同层的点可以相互叠加。通过这种轻戳的方式,我们同时实现了两个效果:高光和纹理(见图5)。

一个非常基本的配件通过点画法成为一个非常引人注目的细节。点画法赋予它真实感和丰富的视觉效果(见图6和图7)。

AK11114
甲板棕

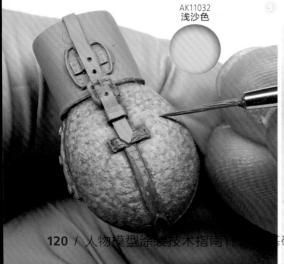

AK11032
浅沙色

正如我们在这个人物模型的翻领和帽子上所看到的，由于使用了点画法，我们已经将一个简单的模型转换成一个更加引人注目的人物模型。通过视觉上产生的错觉，我们成功塑造出了布料纤维的质感。

这名美国士兵身上的外套也同样采用了点画法。

六、轮廓描绘法

轮廓描绘法是指描绘、强化一个区域、物体或图形的特定部分的边界，通常用较暗的线，以突出细节并将其与其他不同的元素分开。虽然这种区别也可以用浅色色差来实现，但是通过勾线，细节的轮廓将更加清晰锐利。

我们可以用较厚的颜料和细笔刷来进行勾线，或者用稀释的颜料，通过良好的控笔有针对性地层叠勾勒，直至达到我们想要的清晰度。碰到开模时完全模糊不清的区域，我们还可以利用勾勒创造出原本不存在的清晰锐利的细节。

为了理解什么是勾线，我们可以想象的最好例子是漫画草图，它以一个简单的铅笔素描开始，用黑色墨水画出轮廓，然后上色。应用到模型涂装上，勾线将等同于用黑色墨水画出轮廓的步骤。

勾线时必须清晰锐利，以便在阴影轮廓上使用深色线来定义轮廓。浅色调的轮廓线是为了突出轮廓并强调细节和边缘的线条。

上图：夹克的浅色轮廓线。可以使用笔尖或笔侧锋进行涂装。

左图：在这个图中，我们可以看到夹克和裤子所有缝线的轮廓，完全使用笔尖完成。

我们的模型是由不同的层次重叠而成。例如人物的头发、衣服、配饰等都是独立的元素，它们结合在一起形成一个"人物整体"。为了防止这些元素的丢失，我们必须对它们进行界线的分隔。因此，当我们涂装模型时，轮廓线非常重要，它是将一个元素与另一个元素分开的边界，使各种不同的元素在肉眼观察下完全清晰可见。我们可以区分两种类型的勾线：

阴影轮廓线：这是一条分隔两个元素的暗线。这条暗线是阴影的一部分，实际上它是阴影中最暗的位置。因此，它通常是以在最后的阴影色里添加黑色，甚至使用纯黑色来实现的。有了这条线，我们可以得到更丰富的层次感。尽

管大多数玩家会在涂装即将完成时进行这项操作，但也有一些玩家会先用深色（或黑色）绘制关节位置，然后将需要的阴影分界处（黑色）空余出来，再进行剩余位置的涂装。

高光轮廓线：这是一条用于突出模型边缘从而获得立体效果的亮线。通常是在最后使用的高光色中添加白色来实现的，在某些情况下，甚至会直接使用纯白色。虽然这种尝试会令我们只画较浅区域的边缘，但有时我们还是需要通过勾勒阴影区域来增强立体感，即使它与图形其余部分的光影关系不一致。我们可以选择任何类型的模型及其任何部分来做范例说明，因为模型的所有区域都是在阴影和高光中勾勒出来的。

这个面包袋被涂上了均匀的颜色。然后做了定向高光处理。但是做完高光后的模型仍然非常平坦并缺少层次感，即使我们添加刻画了纹理细节也还是如此，模型没有层次深度，也几乎没有立体感。因此我们将强化阴影区域，使受光较少的区域变暗。

我们开始勾勒暗影线。在本例中，我们将黑色作为最后一个阴影色，然后给接缝的线条上色。

现在我们使用纯黑色（高稀释度的），在模型浮雕分界位置绘制出细线。这里我们需要一支具有锐利笔锋的笔刷来进行此操作。

最后，为了获得更强的立体感，我们要在高光位置勾线。使用最后一种亮色加白色对模型凸出的边缘进行勾边。在对模型勾边时，使用毛笔的侧锋来获得一条锐利的直线是非常有效的，尽管我们也必须使用笔尖来刻画某些细节。

在阴影中勾勒轮廓（将两个区域分开）

在阴影中勾勒轮廓

在光线下勾勒轮廓（将两个区域分开）

七、干扫技法

干扫是一种非常传统和基本的涂装技法。然而，尽管这是一个简单的过程，但必须遵循一系列步骤才能正确执行。尽管经验丰富的玩家往往会随着时间的推移而逐渐抛弃使用干扫技法。但这是一个对于新手而言非常适合且有效的技法。它是一种用于突出模型立体感的技法。干扫技法通常用于刻画突出模型细节纹理、刻画非常密集或微小的区域等情况，否则我们需要花费大量的时间和精力来手涂这些细节。例如土制的梯田、网格、毛发层或链甲等元素都是我们应用干扫技法的完美对象。它还被广泛用于非常小比例模型的涂装。

我们在这个区域使用了土壤底色。可以看到，虽然地面的起伏是可见的，但它看起来还是太平面化了，缺乏真正的高低差和立体感。为了丰富它，我们将使用干扫技法（见图1）。

我们将依次涂几层颜料来亮化地面的颜色。这里我们可以使用任何类型的毛笔，但我选择了平头笔，因为它可以一次性覆盖更广的区域。干扫技法对笔刷带来的损耗很大，因此我不建议使用新的笔刷来进行干扫操作（见图2）。

干扫技法的重点在于我们要把笔刷上的颜料大部分在纸上擦除，因为我们必须使用几乎没有颜料的笔刷来进行干扫（见图3）。

当认为自己达到了想要的效果时，我们可以继续进行几次扫刷操作来强化效果（见图4）。

用非常平滑轻柔的笔触轻扫模型需要亮化的位置。只有模型开模最为突起的位置边缘才会着色，从而展现模型的层次和深度。这是一项需要耐心的涂装技法，往往需要重复相同的操作多次后才会出现效果。如果在干扫刚刚开始的时候就得到很明显的显色效果的话，那往往意味着笔刷上的颜料过多，我们需要擦除笔刷上的过多颜料再继续作业（见图5）。

这张深色动物皮草经过赭色的干扫彻底改变了外观和造型，细节表现得更加丰富，并展现出一个非常有趣的皮草磨损效果。在这个例子中，我们采用了同一方向进行干扫运笔的处理方法（见图6）。

有时我们必须放弃使用传统的工具，而利用其他不同的工具来做出一些特定效果。毫无疑问，这项技法将用我们所使用的工具，一块海绵或泡沫来命名。我们可以使用任何一块海绵或泡沫，例如一些模型包装盒中的海绵，甚至沐浴海绵等，当然也有一些模型专用的海绵刷可供选择。这项技法的原理在于使用海绵的点状纹理来刻画出随机的点状或线状图案，以此模拟元素的材质。它被广泛应用于实现模型局部的掉漆效果。这里我强烈建议使用不同类型的海绵，因为其孔隙率和密度各不相同，这对我们制作不同的随机图案很有帮助（见图1）。

我们将要制作一个德国伞兵头盔，我们已经有了一个参考照片，它能使我们想要表现的效果具象化（见图2）。

我们用镊子夹起海绵，以免在绘制时弄脏手指。弄湿海绵的末端，吸收少量的颜料，避免过多的浪费。之所以使用深色颜料，是因为深色在沙质的颜色上会显得格外醒目（见图3）。

我们把颜料在纸上擦掉大部分，直到纸上留下的痕迹非常轻微。这样，我们将更好地控制想要达到的效果（见图4）。

我们用海绵轻蘸在头盔上需要表面磨损掉漆的区域。我们要一点点地点蘸，由浅入深。在掉漆严重的区域进行多次点蘸，而在损坏较少的区域进行少量操作（见图5）。

最后，我们可以得到一个非常逼真的效果，结合旧化效果和掉漆色，就正是我们想要的确切效果。一旦我们掌握了这项技法，它将非常有效并易于使用（见图6）。

我们不能只用喷笔来刻画一个模型，但结合其他技术，喷笔可以为我们提供非常优秀和微妙的成品。

除了涂底漆或预着色（正如我们在底漆一节中所介绍的），在绘制大比例模型时我们也经常可以使用喷笔来操作。

在这个盾牌示例中我们可以看到，使用喷笔可以在一个平面上实现非常平滑准确的光影过渡。颜色过渡的平滑度将取决于我们选择的颜色，将较小的涂层叠加在之前的涂层上。

在第一张图片中，我们使用中棕色来喷涂底色（见图1）。

我们用喷笔在盾的一侧喷涂出最暗的区域，这将是阴影区域。我们可以通过几个步骤来完成这项操作，第一步是增加棕色色调的暗度并覆盖更小的区域。这项操作的秘诀是正确利用颜料的稀释度，我们需要相对较高的稀释度，这样就可以通过多层喷涂来遮盖前一层颜色。浓度比例大概为颜料20%~25%加稀释剂75%~80%。我们可以降低喷泵气压，以避免模型表面积水，并避免出现蜘蛛腿一样的水痕。往往可能无法一次性操作成功，因此建议大家先在卡片或胶板上进行实验练习。

第二步是制作高光区域，如果我们希望过渡表现更加平滑，则需要使用一个或多个色调来进行过渡。操作的模式与喷涂阴影的方式相同，但颜色要比底色浅（见图2）。

第三步是用比底色更浅的色调来绘制高光区域，我们用与喷涂阴影区域相同的方法在盾牌的另一侧喷涂（见图3）。

喷涂的工作距离取决于颜料的稀释度，也会决定工作的准确度与精度。一般来说，对于底漆喷涂，喷涂距离可以控制在10~15厘米左右，对于更精细的细节喷涂，我们可以（取决于喷笔）移除最外面的针帽，并在离模型更近的距离内工作。

用喷笔喷涂出的大致光影关系将对我们之后的笔涂工作有很大的帮助。

喷涂可以提供一个非常微妙和光滑的效果，它可以完美刻画大面积的皮肤光影。我们可以在下一页中看到一些喷涂制作出的女性皮肤作品。

Pepa Saavedra。
私人收藏。F.Javier Hernández。

Sang Eon Lee。
私人收藏。
F.Javier Hernández。

第六章
模型涂装实践和技术应用

- 如何进行皮肤涂装

- 如何进行手部涂装

- 如何进行眼部涂装

- 如何进行毛发涂装

脸，可以说是人物模型中最重要的部分，这是由我们人类观察世界的方式所决定的。人们在观察图像的时候往往会下意识地往面部或是眼睛去看。在上古时代，人类为了生存，大脑演化出了将碎片化的视觉信息相拼合，并将之读取为面部的能力。因为我们的祖先逐渐学会了去观察周围环境中潜藏的危机，寻找敌人与捕食性的野兽，那么树丛中暗藏的眼睛也许就是危机的信号。当然，我们现在已经不会刻意去这样想了，但是这种条件反射性的观察习惯仍然保留着。这也就是为什么，当我们观察一个人物模型的时候会先观察它的脸部，并给出质量上的评价。第一印象是非常重要的，所以如果脸看起来不怎么样，模型的其他部分很有可能也就不怎么样。相对应的，如果脸看起来栩栩如生，那么我们对于人物模型的整体评价也会是正面的。

在演示如何涂装脸和皮肤之前，我想先谈谈有关肤色色调、面部和肌肤结构的话题。我们先要考虑到皮肤上是会有瑕疵的。在涂装1:35之类的小比例模型时，可以忽略这个问题，简单涂装一下对应肤色色调的暗部和亮部就可以。但是在类似1:10的大比例人物模型涂装中，可以通过做一些细节和质感来获得真实的涂装效果。

皮肤表面充满了毛孔，皮肤表层下的血管也会影响皮肤颜色的表现。还有天然的黑色素，在它的影响下皮肤表面会产生各种不同的色斑。男人的脸上还可能有胡茬，年纪大的人的面部还会有更多小细节，就算是小宝宝的脸上也会有各种细节呈现。光是还原皮肤本身的色调是不够的，这样只会让模型看起来像假人。想要让作品看起来栩栩如生，我们就要还原现实皮肤的不完美之处，也正是这些微小的细节和瑕疵才让一张脸看起来更加真实。

我们来设想一个场景。想象我们正慢慢靠近一个男人，先从远处开始观察，一开始我们只能看清他脸部和头发的大致形状、阴影和亮部，以及他皮肤的基本颜色。阴影区域和受光区域的轮廓、暗部和亮部的形状都取决于光源的位置。没有光照就没有投影，当然就什么都看不到。没有暗部的物体看起来会很亮很平面，同样的，没有暗部你也无法得知物体的形状。所以，给模型设定光源（有时会有多光源）非常重要，光源决定了模型的轮廓、颜色、明暗和锐度表现。在本书中所有的模型涂装范例中，我都会谈一下设定光源的流程。

有时根据模型选材的不同以及我们的奇思妙想，实际的皮肤颜色表现会受到假想光源的影响而变得不那么"正常"。比如，假想的雨天环境会让肤色看起来偏冷偏灰，而落日和电灯照耀下的肤色会表现得偏暖。

同样的道理也适用于反射光。皮肤的暗部色彩也会受到环境的影响：绿色的草地会让皮肤看起来偏绿，偏红色的地面或地毯会让肤色看起来偏暖。我会在后面用模型涂装的实例对这些现象做更进一步的阐释。

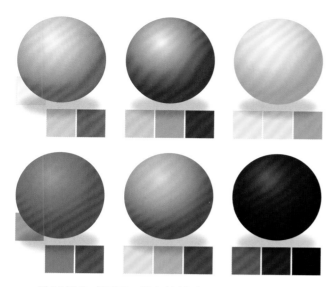

这些颜色球展示了肤色的基础明暗变化，每组颜色正中间的颜色是肤色基础色。

如果你更喜欢用最简单的吸色取色来选择你的用色，我建议你选择一张高清的照片然后分别吸取脸部不同明暗部位的颜色，比如较深的暗部、中间色、亮部色等。

然后我们可以做个色表，把这些颜色打印到亚光的照片纸上，在涂装的时候进行对比。

我想在这里提一下颜色的三个主要属性：色调、色相和饱和度。

我在前面关于光与影的章节中已经强调过色调的重要性。白皮肤不会有特别暗的阴影，如果画白皮肤暗部的时候用了特别暗的颜色，那么白皮肤的明亮度就表现不出来了。就算不考虑色相，我们也能根据暗部和亮部的分布来分辨出皮肤是亮的还是暗的。

我们能通过色相了解到皮肤的颜色是偏黄的还是偏红的，也能了解到暗部和亮部的冷暖关系。举例来说，暗色的加勒比人的皮肤可能看起来是暖色的，接近橙棕色。亚洲人的肤色也可能是暖的，但是把亚洲人和加勒比人摆在一起看，亚洲人的肤色就会显得更亮、更黄。若是把两者再与北欧白皮肤的人放在一起相比较，那么北欧人的肤色就显得偏冷且更亮。这也能解释为什么有些传统印度神有着蓝色的皮肤。这是一种夸张的用来表现白皮肤的方式，因为白皮肤在与非常深的印度棕色皮肤相比较时看起来会显蓝。

接下来要注意的是饱和度。在不同光源的影响下，亮部的饱和度有时会不如暗部，这种情况在白种人身上尤为常见：暗部可能是棕色的，而亮部更接近浅灰色。当这种情况发生在非洲人的皮肤上时会更容易被观察到，相对于他们色彩浓烈的暖棕暗部色，亮部色则显得不那么饱和。

在传统绘画中，冷暖指的是颜色的冷暖度。从本质上来说，这意味着一个东西可能会有暖色的暗部和冷色的亮部，或是反过来，暖色亮部和冷色暗部。这种组合会让绘画作品更具生机，使它看起来更丰富和绚丽。

下图是冷色亮部和暖色暗部组合的例子。

冷色亮部

暖色暗部

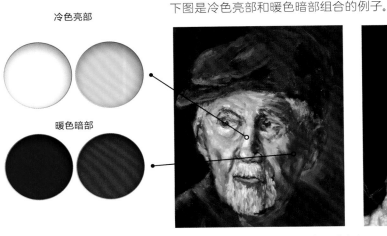

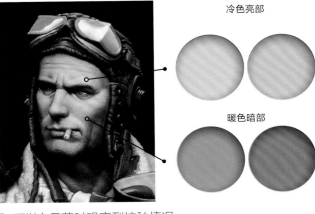

冷色亮部

暖色暗部

在另外一个情景下，光源可能会是暖色的，暗部则变成了冷色调。可以在日落时观察到这种情况。

暖色亮部

冷色暗部

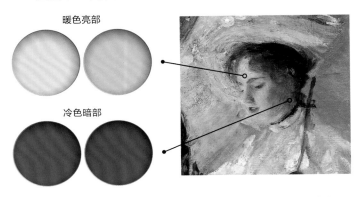

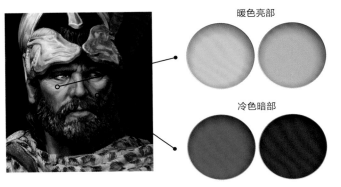

暖色亮部

冷色暗部

肤色不是统一的。脸和身体的不同部位可能会有不同的色相。大部分模型都只露出脸和手。在大多数情况下，肤色在某个特定区域的色调表现取决于那块区域有多少血管。这些区域没有绝对的分界线，我们只能了解到存在模糊的差异。我们可以将人脸大致划分为三块区域。

前额，大约占脸上方1/3的区域，这块区域有着发黄的、白棕色的色相。这块区域里的刻画细节通常较少，所以暗部区域也较少，主体为亮部和中间色调。

第二个区域有着红色的色调，因为这块区域的皮肤下有着大量的血管。这块区域包括了鼻子、脸颊和耳朵。

位于面部靠下的第三块区域看起来色调偏冷，也偏暗。男人面部的这个区域还常有胡茬，这使得靠下方的面部和下巴部位看起来偏蓝。有时候布料产生的反射也会影响到人的鼻子和下巴下方，反射的正是衣服的颜色。

手部道理相同，肤色也不是统一的。举个例子来说，手掌、关节和手指尖是偏红的。皮肤下的血管中若流淌着深色的静脉血，就会让皮肤看起来偏蓝或是偏绿。相对于皮肤来说，指甲则看起来偏亮粉色。

颜色区域

○— 黄色或白棕色

○— 红色脸颊区域、眼部和鼻子

○— 蓝色、绿色或灰色下巴

颜色区域的划分很大程度上取决于这块区域有多少血液细胞、肌肉、毛发或是血管。

我们也可以在身体的其他部位中找到颜色区域的划分，比如手和脚。

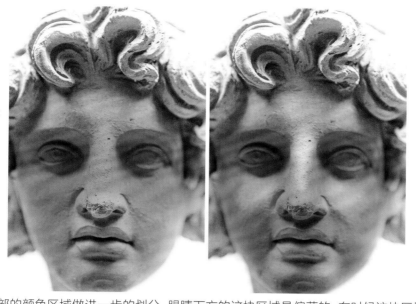

黄色/白棕色额头区域

红色的脸颊和鼻子区域

蓝绿色/灰色的胡子区域

眼睛下方区域为蓝色/灰色

低饱和度的鼻梁区域

发红的脸颊区域

粉色的嘴唇区域

黄色的下唇方肌区域

我们还可以将面部的颜色区域做进一步的划分。眼睛下方的这块区域是偏蓝的，有时候这块区域看起来甚至接近紫色、棕色或是红色。鼻梁会看起来是面部最亮的区域，因为它相对更直接面对着光。嘴唇也比脸部其他区域看起来更红。

需要强调说明的是，颜色区域的划分不是绝对的。它们并不真的就是红色、蓝色或黄色。我所说的这些色相都是相对的，并且需要与其他颜色相结合才有意义。当涂装这些区域的时候，它们只是相对的看起来更红或是更蓝。在后面的教程中，我会更加详细地阐释色相的相关知识。

我们通过这个Candy Chan半身像的例子来看看皮肤上可能会有的颜色。

最亮的部分是由于光的反射造成的，同时它也是饱和度最低的。皮肤表面并不是完全亚光的，它是缎光的。为了表现肌肤的这种绸缎般的光泽，亮光部分我选用了比肤色本色亮了许多的颜色。

亮部和中间色用了大量的暖色，它们占了肤色中的大部分。

耳朵、两颊和鼻子上的红色色相是肤色中最暖的部分。

脖子和胸部靠上的部分看起来偏暖，这是因为这些区域平时受到日照更多。

至于其他的暗部部分，包括胸部、肚子和明暗交界线处的暗部，则全都看起来偏冷。

肚子上的橙色反光是由夹克的橙色内衬带来的。

头发则给了脸下方品红色的反射。

可以看到，我列出来的所有颜色都是棕色系的，将这些颜色实际涂装到模型上后，它们表现出了不同的色相。

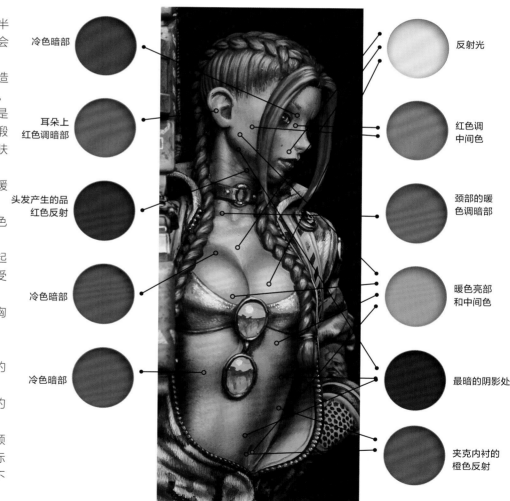

冷色暗部

耳朵上红色调暗部

头发产生的品红色反射

冷色暗部

冷色暗部

反射光

红色调中间色

颈部的暖色调暗部

暖色亮部和中间色

最暗的阴影处

夹克内衬的橙色反射

皮肤的肌理并不是雕刻出来的细节，因为就算是大比例模型，雕出来的皮肤肌理也会显得粗糙。如果肌理是涂装出来的，那就不一样了，涂装出来的皮肤细节会看起来更温和，不那么显眼。男人和年纪大的人的皮肤往往会更加粗糙，皮肤纹理也会更明显。女人和孩子的皮肤肌理则会显得更细微和柔和，通常只有在非常大比例的模型中才需要表现其皮肤肌理。如果单单是用了正确的颜色来涂装皮肤的话，并不能完全真实还原一张脸。在例如1：12或是更大比例的模型中，我们可以看到更多、更小且更有意思的细节。

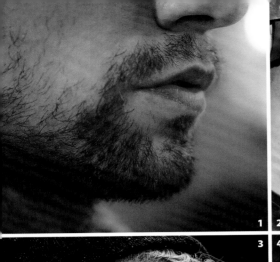
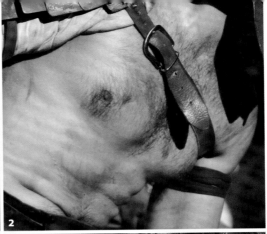

我之前提过：人的皮肤并不是十全十美的。想要让大比例模型看起来更加生动的话，首先可以增加的就是肌理表现。

男人可能会有胡茬和体毛，我们可以用颜色表现出来（见图1和图2）。

有许多细节都可以让模型看起来更有趣。年长的人会有皱纹。有时候，这些细节若是用涂装来表现，效果会比雕刻出来的细节更胜一筹（见图3）。

可以给红头发的人脸上画些雀斑（见图4）。

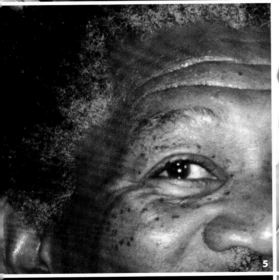
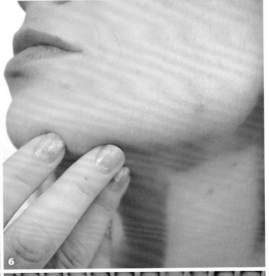

胎记也可以增加模型的生动性（见图5）。

如果涂的是青少年的皮肤，或是想表现这人的皮肤状态不好，可以画上粉刺（见图6）。

疤痕是战士类人物身上少不了的元素（见图7）。

抓痕会为模型增添点戏剧性（见图8）。

不要忘了纹身。纹身可以为土著、奇幻、科幻和现代题材的人物增添色彩（见图9）。

在后续的步骤分解教程中，我会围绕这些细节的表现做更进一步的讨论。

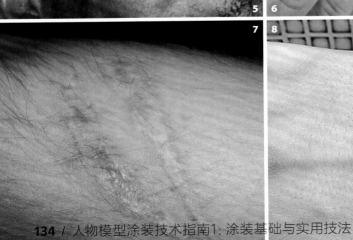
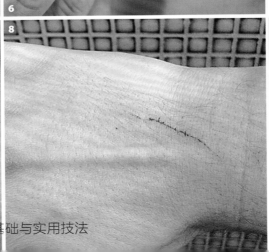
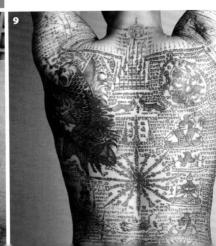

1. 偏白皮肤

面部结构速写

Alexandros Models出品的这个路德维希二世（Ludwig II von Bayern）的胸像是根据他本人的画像来雕刻的。Anastasia Podorozhna的精湛雕工完美还原了这幅画像。

我的想法是直接根据画像来涂装，模仿画像上的光影和颜色，来达到还原这幅经典帆布油画的目的。但是光是复制画像上所用的这些颜色是不够的。油画是平面的，而胸像是立体的。因此，我不仅需要考虑如何尽量真实地还原画中角度的效果，同时也要考虑到从其他各个角度看这个模型的效果：正面、背面甚至是从上往下看的角度都得顾及。为了达到多角度观察都能有正确效果的目的，我将油画提供的信息分成两个主要部分来解读：光和颜色。如我在讨论光影的那一章提到的那样，光是由粒子组成的，而这些粒子有着固定的行进方向，它们产生的光线影响了一个物体的立体效果。图像中我们看到的所有亮部与暗部都是光线作用的结果。想要理解油画上没有展现出来部分的光影是怎样分布的，还原光源位置这一步非常重要。通过观察这幅肖像画，我们可以分析出创作这幅画时的光源是由画像正前方且于人物偏上方处打来的。可以看到光影不是特别强烈，相对柔和，所以我们可以假设光源是从窗户投进来的阳光。那么我们就可以确定，模型两侧和背后都会看起来比正面更暗。我们也不难想象到，这位国王的背部也会被室内反射的光所影响。根据我们所设定的光源，可以得知人物正面是整个模型中最亮的一面，背部的亮度介于正面和两侧之间。在确定了这些之后，我已经可以在脑中描绘出这个模型整体的暗部和亮部区域了。

从肖像画中可以提取出的第二个重要信息就是颜色。网上能找到很多张这幅油画的照片，但是想要从这些照片中还原这幅油画的本来色彩几乎是不可能的，每一张照片基本都能得出不同的颜色色表。因此我只能尽力去想象他本人在穿过窗户透进来的阳光下看起来到底是什么样的。我挑选了其中一张网上的照片作为参考，并选取了照片中不同区域的颜色。使用照片编辑器打开这张照片并选取了人物面部部分以后，我将人物面部所用的这些颜色放大做成了更大的颜色块，并且把这些色块打印到照片纸上。（注：我这样做仅仅是由于我个人的涂装习惯，并不是为了精确考证。）

第一步结构速写。

进一步绘制细节与色彩分布。

最终效果。

在涂装模型的时候，传统绘画中的技巧也可以被运用到这个相对更复杂的"画布"上。像上图中的帆布油画一样，结构速写是个很好的起手方式。

你用什么颜色起手并不重要，这更多地取决于你的个人喜好。这个模型我从中间色起手。我打算将路德维希的肤色画成正常的中等肤色，所以我选用的第一个颜色是09044晒黑肤色（Reaper Miniatures）。

在正式涂装这位国王的脸之前，让我们再来复习一下颜色区域，它会影响后面的色彩选择。

REAPER
MINIATURES
晒黑肤色
09044

AK
第三代丙烯颜料
AK11064
米红色

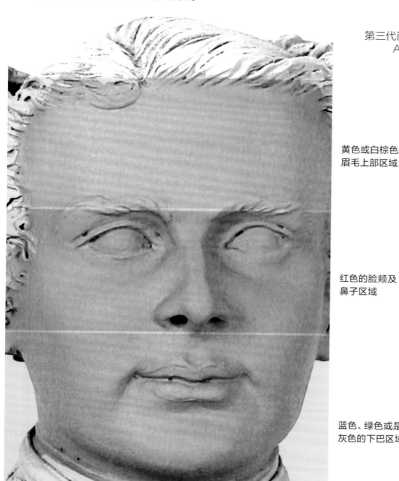

黄色或白棕色的
眉毛上部区域

红色的脸颊及
鼻子区域

蓝色、绿色或是
灰色的下巴区域

上方区域：前额和眉毛是面部最亮的区域，显黄或是亮棕色，甚至可以是近乎白色，具体的颜色表现取决于肤色本色的选择。

中间区域：这个区域包括了鼻子、两颊和耳朵。脸的这个部分分布着大量的小血管和毛细血管，使得这个区域看起来显红。

下方区域：从鼻子下方开始算，一直到脸部底端位置的区域都属于下方区域。与面部的其他区域相比，这块区域显得更冷，色相上偏蓝、绿，或是灰。这一色相区别在男人的脸上更加明显，因为男人常有胡子。不光因为胡子，这块区域相对其他区域有着更少的受光区域和更多的暗部区域，也使得它看起来更暗且更冷。当光源位于人物上方时，这个现象会更加明显，而我在涂装路德维希二世这款模型时模拟的正是来自上方的光源。

太阳穴处的暗部色非常接近卡其色。在Reaper MSP色域里我能找到的最接近的颜色就是AK 11115浅土色了。

REAPER NIATURES
浮木棕09162
AK第三代丙烯颜料
AK 11115浅土色

中间区域的红色调暗部色使用了AK 11097。

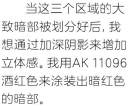

REAPER MINIATURES
红石高光09225
AK第三代丙烯颜料
AK 11097烧焦红

第三种更冷的颜色则是为面部下方准备的。这个颜色不一定要是真的蓝色或是灰色，只要相对于其他区域红色或是黄色调的肤色来说偏冷就可以。这里我使用的是AK 11107暗锈色。

REAPER MINIATURES
马鞍棕09428
AK第三代丙烯颜料
AK 11107黑锈色

当这三个区域的大致暗部被划分好后，我想通过加深阴影来增加立体感。我用AK 11096酒红色来涂装出暗红色的暗部。

REAPER MINIATURES
血迹红09133
AK第三代丙烯颜料
AK 11096酒红色

太阳穴部分我用AK 11120泥棕色加重暗部。

REAPER MINIATURES
09161盾棕色
AK第三代丙烯颜料
AK 11120泥棕色

下方区域我用AK 11108舰底红来加重冷色调暗部。

REAPER MINIATURES
火山棕09268
AK第三代丙烯颜料
AK 11108舰底红

需要注意的是, 这个模型左右脸的光影并不是对称的。人物的右脸受光更多, 而左脸则有更多的暗部。油画上的人物头部偏转了大约3/4的角度, 我打算还原油画的打光。

现在开始画亮部区域。亮部区域会让模型看起来有更明显的凸面且更圆润。脸部最亮的区域是前额和鼻梁上方。这里我使用的颜色是AK 11050浅肤色。

中间部分区域的亮部就没有那么亮了, 因此我选用AK 11053红润肤色来涂装。

REAPER
MINIATURES
沙漠沙色09432
AK第三代丙烯颜料
AK 11050浅肤色

REAPER
MINIATURES
青铜色高光09261
AK第三代丙烯颜料
AK 11053红间肤色

就像我之前提到过的那样, 脸部下方部分相比另外两个部分要更暗, 这里我选用了AK 11033暗沙色。我还用了AK 11091 胭脂红和AK 11051亮肤色进行混色, 来涂嘴唇部分。注意, 嘴唇用的颜色比两颊看起来更红, 但它又不是纯红色, 因此我用Reaper Miniatures的杀戮红和肤色进行混色来涂装。

REAPER
MINIATURES
金色皮肤09092
AK第三代丙烯颜料
AK 11033暗沙色

REAPER
MINIATURES
杀戮红09135
AK第三代丙烯颜料
AK 11091胭脂红

REAPER
MINIATURES
青铜色高光09261
AK第三代丙烯颜料
AK 11051亮肤色

在划分完明暗区域后, 我建议先休息一会, 然后重新观察一下之前打的明暗结构草图。此时肯定会发现一些之前没有发现的需要修改的地方。

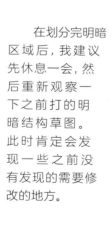

还 有 一 截 露出来的脖子, 使用AK 11107暗锈色进行了涂装。

REAPER
MINIATURES
马鞍棕09428
AK第三代丙烯颜料
AK 11107暗锈色

此时, 草图完成了。主要的明暗区域划分都已经完成, 可以看到模型的立体感已经有所表现了。接下来要做的就是过渡, 让皮肤看起来更加真实。

过渡

我选择从下巴开始，对之前打好的暗部边缘做过渡处理（见图1）。

在后续所有的过渡步骤中，我都使用了点画与罩染法相结合，来柔化皮肤的肌理表现。我想通过这样处理来塑造出一位有着良好肌肤状态的年轻人的形象。我用AK 11108舰底红和AK 11107暗锈色进行混色。接着，我在下巴下方又补了一层更暗的暗部，我不想让这块暗部看起来过于明显和突兀，因此使用的颜料也不浓。这层暗部也是用了点画法来完成的，点画就是用一堆小的点状笔触来完成这个区域的涂装。这块区域是面部最冷的区域。这里我用了AK 11108舰底红和AK 11029黑色的混合色（见图2）。

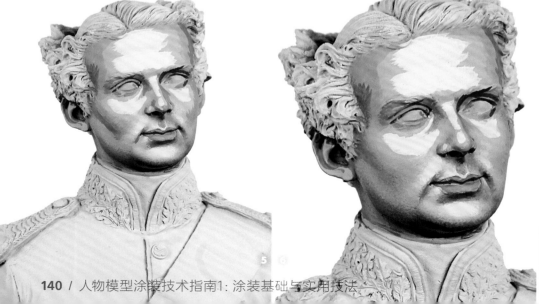

我们可以看到脸的底部有一块反光，这块反光区域是地板的光线反射造成的。我用了AK 11107 暗锈色和AK 11064米红色的混合色，同样使用点画法进行涂装（见图3）。

然后我开始往上画，在AK 11107暗锈色和AK 11064米红色之间做过渡，也就是脸颊中间的这块区域（见图4）。

接下来，对AK 11064米红色和AK 11033暗沙色进行过渡（见图5）。

在对脸颊区域的红色调进行过渡的同时，我还修正了一下这块区域的轮廓，来表现这位年轻人相对柔的面部结构（见图6）。

中上两部分面部区域之间的过渡我用到了AK 11097烧焦红和AK 11064米红色的混合色，同时我也用到了AK 11064米红色和AK 11053红润肤色的混合色（见图7）。

接着，我在两颊和鼻子的最凸起处做了点缎面效果。我用的颜料都是亚光的，但是通过绘出模拟光源带来的反光效果，也能用这些亚光颜料涂出缎面的效果（见图8）。

我用了AK 11050浅肤色来过渡前额两侧（见图9）。

图中可以看到，由AK 11115浅土色过渡到了AK 11064米红色。过渡部分的最后一步是从AK 11064米红色到AK 11050浅肤色（见图10）。

细节

主要的暗部和亮部已经完成了。我又一次检查了涂装的效果，以此确认我是否正确表现了大方向上的结构。在确认完后，我就可以开始绘制细节了。绘制细节也是在表达面部真实性时不可或缺的一步。我们需要时刻牢记：细节并不是脱离于整体之外单独存在的。所有的细节都属于某个更大的整体，我们也许会在脸上的暗部区域绘制细节，或是在亮部区域绘制细节，而这些细节所处的区域也决定了我们在涂装这些细节时会用到的颜色。举例来说，脸部最下方的区域本身较暗，那么这块区域的亮部不可能是脸部最亮的。反之，我们也无法在额头上找到最暗的暗部，因为额头区域是脸上最亮的区域。

我修正了一下唇线和上唇，并且用AK11096酒红色锐化了一下唇部的轮廓。值得注意的是，如果光是从上方打来的，那么上唇部就会显得更暗，因为它处于暗部。同时，我也加强了一下眉毛下方的暗部区域，用到了AK11096酒红色。我用了Reaper Miniatures 09133血迹红、AK 11096酒红色、AK 11097烧焦红和AK 11064米红色来对眉下的暗部进行过渡处理。

唇部看起来不够立体，需要加强一下立体感。首先我用AK 11096酒红色涂装唇部的暗部。

唇部的亮部我用了AK 11091胭脂红和AK 11062 旧玫瑰色的混合色。

REAPER
MINIATURES
09068玫瑰肤色
AK第三代丙烯颜料
AK11062旧玫瑰色

接下来开始涂装耳朵部分。还记得我之前提过的吗，左右脸的明暗并不是对称的。由于头部向左转了3/4的缘故，右耳会受光更多，而左耳则隐于阴影之中。因此我在涂装两只耳朵的时候用到了不一样的颜色。耳朵上有许多血管，看起来会比脸部的其他部分更红。我先用AK 11091胭脂红和AK 11097烧焦红的混合色涂装了右耳。

右耳的暗部区域我用了AK 11096酒红色，然后对之前用到的两个颜色进行过渡。

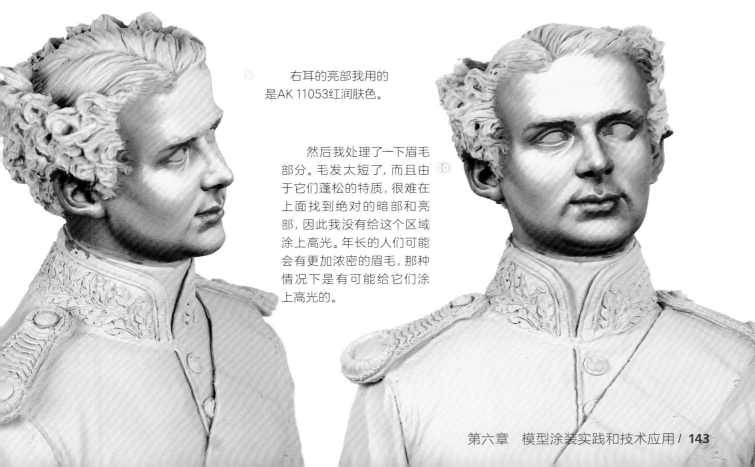

右耳的亮部我用的是AK 11053红润肤色。

然后我处理了一下眉毛部分。毛发太短了，而且由于它们蓬松的特质，很难在上面找到绝对的暗部和亮部，因此我没有给这个区域涂上高光。年长的人们可能会有更加浓密的眉毛，那种情况下是有可能给它们涂上高光的。

主视角的部分已经完成了。我认为，我已经还原了画像上的形象，但是我们无法从油画中直接得知关于头部两侧和后方的信息。那么明暗的表现就得根据自己的想象和假设来画。已知的是，光是由人物面向的右前方打来的，这也就意味着面部的左侧会更暗。左脸这块更暗的暗部我用了AK 11108舰底红进行涂装。而左耳的阴影我用了AK 11096酒红色。

下一步要做的就是将暗部和之前涂装的肤色色调进行过渡。前额的两侧我用到了AK 11115浅土色，脸颊两侧我用的是AK 11097烧焦红，脸部底端用了AK 11107暗锈色。领子和颈部的分界线处我使用了AK 11113巧克力色进行涂装。

REAPER
MINIATURES
09137黑棕色
AK第三代丙烯颜料
AK 11112深棕色

脖子后方的亮部区域是环境光造成的，也就是人物背后由房间内其他物体产生的反射光。我用AK 11108舰底红、AK 11097烧焦红和AK 11064米红色的混合色涂装了一片较为柔和的亮部区域。

左侧视角下完成后的脸部。

2. 丙烯与油画颜料的混合技法

涂装诸如皮肤、金属、皮革和木头等元素时，我们可以组合使用不同性质的颜料，例如丙烯与油画颜料。

丙烯颜料可以作为打底来使用，然后我们可以在它之上继续使用油画颜料进行涂装。亚光的丙烯颜料作为打底来说再好不过了，它可以增强油画颜料的附着力。丙烯底它能吸收卓一部分油画颜料中使用的结合剂，因此在丙烯底上涂装油画颜料可以减弱油画颜料干透后的反光现象。在完成丙烯底色的涂装后，马上就可以往上面涂抹油画颜料了。我们可以用丙烯先打下明暗关系的草稿，明确之后涂装的方向。这也使得在后续用油画颜料涂装的过程中能保有必要的对比效果。

在使用油画颜料涂装时，我个人偏好使用这两种毛笔作为主力：2号、1.5号圆头笔刷和2号、4号平头笔刷。这些笔都是我从艺术用品商店买的。至于调色，我用的是普通的瓷制调色盘，用了快10年了。无论是混色还是清洁都非常的方便。

一般对于基础涂装，我不用任何稀释媒介，油画颜料都是挤出来就直接使用的。有些油画颜料的色素和亚麻籽油会有分层现象，还有种情况是颜料本身的含油量太高了，手感不舒服。如果碰到类似的情况，我会先把油画颜料在纸张上铺平，让纸吸掉一部分的油，然后再把颜料变化转移到调色盘上继续使用。我会观察一阵子纸上的颜料变化，确保那些额外的油已经被纸张完全吸收掉了，这样就可以保证颜料的平滑度，然后我就会把颜料转移至调色盘上待用。

在涂装战士人物模型时，油画颜料显得非常易用。油画颜料很容易就能做出色调上的平滑过渡，颜色纯度高且自然。油画颜料的一个特点就是它自带一些光泽，而且就算干透后仍然保有这种光泽度。从显而易见的强反光到不太显眼的缎光，不同的情况下光泽的强度会有所不同。有的情况下，在完全干透后，油画颜料表面又会呈现出亚光的状态。最终的亮度表现是由多种因素共同决定的，比如所用的油画颜料中油的含量、底下丙烯涂层的厚度、以及漆面的粗糙程度。当然，我们在涂装过程中用到的油画颜料的量也会影响最终效果。在积累了足够的涂装经验后，我们就多少能够预测到颜料干透后的漆面光泽度表现。在刻画金属、皮肤、皮革或是木头等元素时，有时恰好就需要那一点光泽度。如果你不喜欢有反光，可以在油画颜料干透后涂上AK的亚光罩光剂AK-Ineractive Matte Varnish。

涂装面部

我在画一个人物模型的时候，基本都是从它露出来的皮肤部分开始画的。在这个我用来做例子的模型中，只有面部皮肤是袒露出来的。1:10大小的比例模型的脸已经非常大了。模型面部是一个模型的关键元素，我们必须尽全力将其画好。在画的过程中需要尽可能地还原出人物面部的对比效果和细节，来表达通过这个模型传达的情感。

在面部的涂装过程中，暗部的处理需要和整个模型表达的氛围相一致。大比例模型使得我们能进一步对人物面部的材质表现进行雕琢，包括肤色、皱纹、疤痕还有其他的细节。

肤色底色使用的是AK 3013高光肤色、AK 3027 白色和AK 3095深紫罗兰色的混合色，这三个都是丙烯颜料。我又在这个混合色中提高了AK 3095 深紫罗兰色的比例来简单地做了下明暗（见图1）。

接下来，我开始使用ABT 502油画颜料了。对我来说，用油画颜料涂装模型时用到的最主要的技法就是羽化过渡（shading）了。这个技法的过程可以概括如下：先在模型表面杂乱地抹上颜料，然后用一支干燥的干净笔刷将这些颜料朝不同方向涂抹开，这个过程中不需要用到任何稀释剂或媒介。我用1.5和2号的圆头笔刷在调色盘上混色，同时我也是用它们将混好色的颜料涂到模型上去的。羽化过渡则是用2号、3号和4号的平头笔刷完成的。我们也可以使用那些质量过关的人造毛制成的笔，它们更便宜，但是相对来说没有那么耐用。羽化的时候用笔要轻，要用尽量少的力道施加在被羽化开的颜料上。当然，我们也可以用点戳的方式来画。

用ABT 190褪色肤色在两颊和眉毛下方处涂几笔（见图2）。

然后做过渡（见图3）。

4 5

6 7

暗部过渡：用来混色的颜料有ABT 190褪色肤色、ABT 004 沥青色和ABT 250 品红色。我在之前已经羽化开的区域涂上了混色后的颜色，然后取了支干燥的干净新笔进行混色。最暗的暗部用到了ABT 004沥青色和ABT 250 品红色。暗部的效果是循序渐进着做的。我还用ABT 215阴影肤色和一点ABT 092赭石色进行混色，来为脸上的部分区域增加些色彩上的变化，同时也让人物面部看起来更加生动。唇部上方的胡茬是用ABT 004沥青色来点画的（见图4）。

眼部周围的皱纹我用到了ABT 250品红色、ABT 004 沥青色、ABT 120红色底漆和ABT 190褪色肤色。我也用它们涂装了脸颊上的伤疤和脸颊上的一些皮肤肌理（见图5）。

8 9

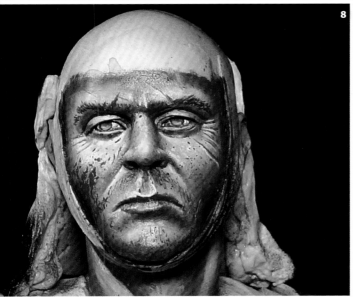

大致上的亮部都是用ABT 190褪色肤色和ABT 145日照肤色混色后进行涂装的，然后通过提高混色中ABT 145日照肤色的比例来加强亮部。眼纹、法令纹和鼻梁都是需要强调亮部的地方。溅血的效果用到了ABT 505凝血色。唇部底色使用的是ABT 004沥青混上ABT 120红色底漆，唇上涂装出的高光效果用的是ABT 145 日照肤色、ABT 190褪色肤色和ABT 120红色底色的混合色。上嘴唇则用ABT 004沥青色和ABT 505凝血色压暗了（见图6）。

眼睛是一个至关重要的部位，不能做得很差，也不能画得不对称或弯曲。准确性和经验是制胜的关键。关于眼睛，我们将在后文详细讨论。

眼球用的是AK 3047浅沙色和AK 3050浅红色的混合色。眼皮下方以及眼角处的暗部用的是眼球的混色再加AK 3048红色。高光部分直接用了AK 3027 白色。虹膜用了AK 3083棕土色（见图7）。

虹膜那一圈的亮部用到了AK 3054米棕色，以及AK 3054米棕色和AK 3027 白色的混合色（见图8）。

瞳孔用的是AK 3084纯黑色。眼神光我用了一支较细的笔涂上了ABT 135浅肤色，然后加深了一下暗部来凸显亮部和材质表现（见图9）。

3. 印第安人的皮肤

印第安人长者的面部皮肤

长者的面部肖像往往有着独特的细节, 皱纹是彰显岁月痕迹的重要元素。有些皱纹可能是模型本身就已经给雕出来的, 我们也可以自己把皱纹画出来。下面我展示如何在这个印第安人胸像上涂装出皱纹的纹理来, 我在本书的前面章节中已经对这个胸像进行了一点修改。既然在上一小节已经展示过了面部的主要涂装过程, 那么这个部分我会更多专注于向大家展示如何涂装出年长者的面部特点。在开始涂装之前, 我们需要找一些好点的参考图片。

胸像已经用灰色水补土打过底 (见图1)。

还是一样从简单的结构草图开始画, 底色用到的是AK11101橙棕色 (见图2)。

脸部中间的这块区域是红色的。本书中展示的大部分人物模型面部, 我都有在面部涂装的最后步骤中罩染了红色调颜色。不过, 也可以不做罩染, 直接在打结构草稿的时候就把最终的颜色确定下来。涂装的时候可以用很多不同的技法来得到自己想要的最终效果。为了表现一张饱经风霜的脸, 这里我使用了红色调的颜色 (AK 11086苋菜红), 来涂装人物的脸颊和鼻子。

红色调的暗部用了AK 11097烧焦红色 (见图4)。

REAPER MINIATURES
09201橙棕色
AK第三代丙烯颜料

REAPER MINIATURES
09242胡萝卜顶红
AK第三代丙烯颜料
AK 11086紫红色

REAPER MINIATURES
09071栗棕色
AK第三代丙烯颜料
AK 11097烧焦红

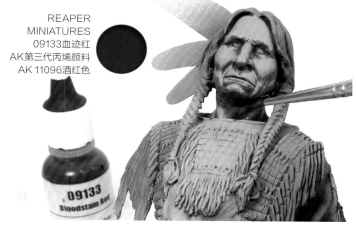

REAPER
MINIATURES
09133血迹红
AK第三代丙烯颜料
AK 11096酒红色

REAPER MINIATURES
09222橄榄色皮肤高光
AK第三代丙烯颜料
AK 11058腐肉色

最暗部我用的是AK 11096酒红色（见图5）。

所有的暗部我都采用了暖色，相对的亮部我用的是偏冷的颜色。我用了AK 11058 腐肉色来涂装亮部区域（见图6）。

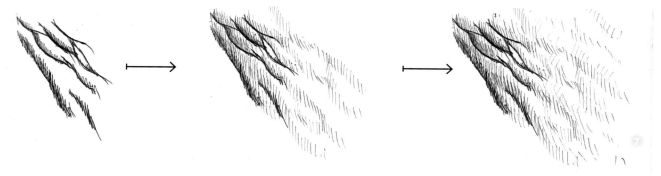

在完成结构速写后，我开始做色块之间的过渡。为了表现年长者的皮肤肌理，我没有像之前一样取两个色块之间的中间色来过渡，而更多的是通过制作肌理的方式来达到过渡的目的。这种技法与我将在后面的内容中提到的布料纹理表现技法是一样的。唯一不同的地方就是具体呈现出来的纹理样式。上图展示了我用弯曲的线条来表达皱纹的方式。用这种方法涂装的时候，切忌把线条画得过于生硬或是用了太深的颜色。如果这样做了，脸上的皮肤会看起来像大象的象皮。人的皮肤是柔软的，这也意味着在表达面部肌理的时候，我们要注意不能把纹理表现得太过明显，这是一项精细活（见图7）。

我从最暗的区域开始做过渡，顺带将暗色的暗部及皱纹也一并涂装了。我接着往中间色的区域开始推进过渡工作，然后一步一步往亮部走。这里用的颜色和我打颜色草稿时用的颜色一致：AK 11096酒红色、AK 11097烧焦红和AK 11101橙棕色（见图8）。

有着最暗暗部的脸部下方和脖子区域已经完成了。请注意：在这个阶段里我把唇部的阴影也涂装好了。印第安人的嘴唇天生带有会让它们看起来偏棕的色素。而且也需要注意，长者的唇色不如年轻人明亮（见图9和图10）。

下一步，我要做的就是在暗部和肤色中间红色调的这块区域进行过渡。涂装的方法和之前是一致的，用的颜色有所差别，这里用的是AK 11096酒红色、AK 11097烧焦红和AK 11086苋菜红（见图11）。

这步做的的过渡是从AK 11086苋菜红到AK 11101橙棕色（见图12）。

在这步中，我将亮部和中间色调进行过渡，用到的颜色是AK 11101橙棕色和AK 11058腐肉色（见图13）。

我为前额涂装上了更多的皱纹，颜色和之前用的一样（见图14）。

我给下唇加了点红色调，用的是AK 11091胭脂红（见图15）。

下巴和鼻子底部的反光用AK 11097烧焦红、AK 11101橙棕色和AK 11058腐肉色的混合色进行了涂装（见图16）。

最后，我用AK　11058腐肉色、AK 11002 米色的混合色完成了最亮部冷色高光的涂装（见图17）。

REAPER
MINIATURES
09135杀戮红
AK第三代丙烯颜料
AK 11091胭脂红

REAPER
MINIATURES
09059骨白色
AK第三代丙烯颜料
AK 11002米色

REAPER
MINIATURES
09063幽灵白
AK第三代丙烯颜料
AK 11003白灰色

皮肤的立体感已经基本表现了出来（见图18）。

我在前文较为详细地解释了眼球的涂装方法，这里就不再赘述，仅概括性地将主要步骤一语带过。美国土著印第安人的眼白通常会更暗些，因为他们的眼白中天生含有更多色素。我用的第一个暗部色是AK 11086苋菜红和AK 11058腐肉色的混合色。这个暗部色看起来偏粉，用来体现有着红血丝的眼球表面（见图19）。

眼白的亮部是由AK 11058腐肉色和AK 11002米色的混合色涂装的，参考了皮肤的亮部颜色（见图20）。

接下来的这步可能有点特别。年长者的眼球并不像年轻人一样清澈，看起来会更加浑浊。为了体现这一差异，在绘制虹膜区域的时候，与涂装年轻人眼球时不同，我选择将它的边界线画得更柔和。我还在暗棕色的虹膜和亮的眼白区域之间多画了一层棕灰色的色调，来表达两者之间的过渡（见图21）。

然后，我在之前画上的这块灰色的眼球区域内，用AK 11098黑红色涂装了暗棕色的虹膜（见图22）。

为了体现角膜处的半透明感，我用AK 11086苋菜红涂装了高光区域。瞳孔用的是黑色（见图23）。

明亮的白色反光可以让眼睛看起来更加有神，用的颜色是AK 11003白灰色（见图24）。

最后，我用AK 11098红黑色勾勒出了眼睛
的轮廓，暗色锐化了眼睛的轮廓。上眼睫毛用
AK 11098红黑色和AK 11029黑色的混合色。
这步的完成也意味着面部涂装到此已经
全部结束了。注意，印第安人很
少会留胡子，所以我们也不需
要为其涂装胡子。眉毛基本
也是看不到的。

4. 深色皮肤

撒拉逊人的面部结构速写

这个部分我们以这款撒拉逊人的胸像为例，来看看深色皮肤涂装。深肤色与浅肤色的涂装有许多区别。最首要且最明显的区别就是颜色的差异。这里我主要用偏暖的暗色来涂装中间色和暗部，那么像我们之前提过的一样，这也就意味着亮部是偏冷的。

底色我用的AK 11104马鞍棕（见图1）。这个模型我定的光源是由正前方偏上处打来的。由于模型人物的头部向左偏了45度，那么脸的右半部就是最亮的区域，左半边则是在暗处。第一层暗部色用的AK 11097烧焦红（见图2）。

第二层暗部色是为了加重左半边脸的暗部。这块颜色更暗而且更红，我用的是AK 11096酒红色（见图3）。

第三层暗部色，也就是最暗的那层暗部，已经接近黑色了。我用了非常深的褐色颜料，AK 11075紫红色（见图4）。

接着来涂装亮部区域。在涂装暗色皮肤的时候，有一点需要注意，就是暗色皮肤往往会有更强烈的明暗对比。亮肤色和暗肤色的肤质本身都是差不多的，而且也有着几乎一致的缎光表面。同一光源照射的情况下，两者反射的光源亮度也是基本一样的。但是白皮肤的肤色更亮，那么它本身的暗部和亮部之间的对比就不会很强烈。深肤色虽然反光程度和反射的光亮度没变，但是亮部周围区域本身的肤色和暗部更暗，这样一来，肤色明暗的对比就会显得更强烈。我用AK 11101橙棕色开始涂装亮部。我想循序渐进地完成亮部的色块过渡，因此先选用了一个偏暖的颜色。后面我会将这个颜色过渡到偏冷的色调（见图5）。

第二层亮部色我选用的是AK 11064米红色，这个颜色与之前用的橙棕色相比更冷（见图6）。

面部的结构速写已经完成了，我已经画好了主要的明暗区域。接下来要做的就是对不同色块进行过渡，以及涂装细节和材质效果。

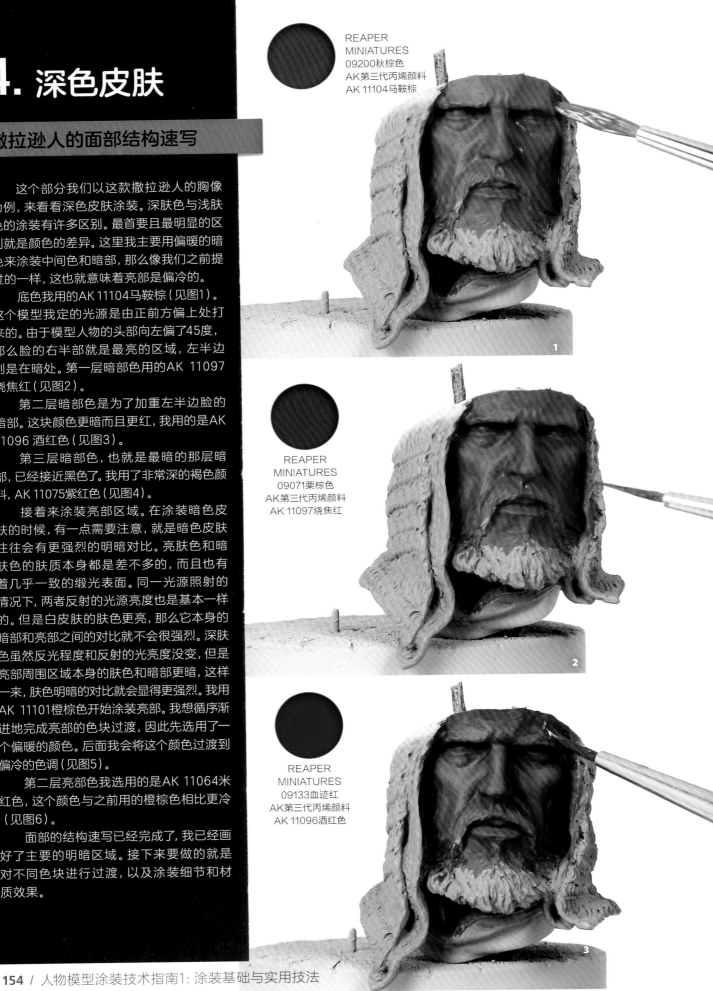

REAPER
MINIATURES
09200秋棕色
AK第三代丙烯颜料
AK 11104马鞍棕

REAPER
MINIATURES
09071栗棕色
AK第三代丙烯颜料
AK 11097烧焦红

REAPER
MINIATURES
09133血迹红
AK第三代丙烯颜料
AK 11096酒红色

REAPER
MINIATURES
09025勃艮第葡萄酒色
AK第三代丙烯颜料
AK 11075紫红色

REAPER
MINIATURES
09201橙棕色
AK第三代丙烯颜料
AK 11101橙棕色

REAPER
MINIATURES
09044晒黑皮肤色
AK第三代丙烯颜料
AK11064米色红

在做这个撒拉逊人的面部色块过渡时，我用的涂装技法与前两个脸所用的技法无二：就是用点画和罩染相结合的方式，来达到更顺滑的过渡效果。

我从最暗处的暗部开始进行过渡，做的是AK 11075 紫红色和AK 11096 酒红色之间的过渡。这两种颜色非常暗，用它们表现的纹理效果不那么明显，因此我没有在这步上面花费很多的时间，我选择将更多的时间花在更亮的颜色过渡上（见图1）。

下一步是从AK 11096酒红色过渡到AK 11097烧焦红（见图2）。

暗部过渡差不多了以后，我转而做暗部到中间色调的过渡。从这里开始，皮肤肌理会越来越明显，因此画起来需要更加细心。这部分用来过渡的颜料是AK 11097烧焦红和AK 11104 马鞍棕（见图3）。

然后是AK 11101橙棕色和AK 11064 米红色的混合涂装（见图4）

最后一步用的亮部色是AK 11030米黄色，我用这个颜色涂装了更多更显眼的材质细节，用的也是点画的方式（见图5）。

5. 黑色皮肤

涂装黑色皮肤人物的面部

在涂装黑色皮肤的人物面部时，确立明暗关系的步骤与涂装其他种类皮肤的步骤是一样的。但是我们需要注意涂装明暗时选用的颜色。黑色皮肤暗部的颜色选择会更加复杂，因为黑色皮肤本身的肤色就已经非常深了。

我用喷笔涂装了水补土，用的是AK 11241灰色水补土和AK 11500稀释剂，1:1的比例（见图1）。

开始涂装肤色，我用AK 11110皮革色和AK 11029黑色喷涂了一层底色（见图2）。

在这个模型中，我用AK 11110皮革色和AK 11100浅棕色喷涂了亮部，暗部则是用AK 11029黑色喷涂的（见图3）。

随后，我用笔涂加强了一些亮部区域来增强肌肉的结构表现，这里用的是红色和浅玫瑰色（见图4）。

画到现在，皮肤的表现看起来已经比较自然了，这也为后续继续细化打下了很好的基础（见图5）。

黑色皮肤颜色组合

阴影色	底色	亮色	增亮色
AK 11029	AK 11113	AK 11109	AK 11069
黑色	巧克力色	深棕色	粉紫色

金色皮肤颜色组合

阴影色	底色	亮色	增亮色
AK 11112	AK 11110	AK 11100	AK 11115
深棕色	皮革	浅棕色	浅土色

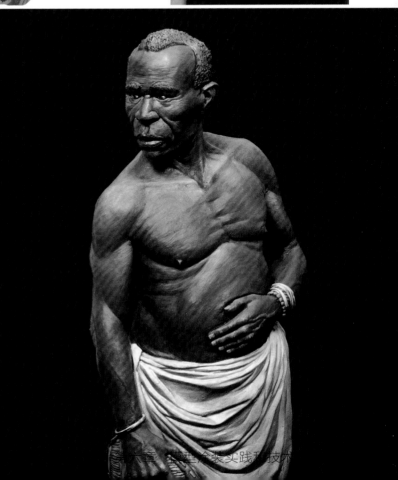

6. 疤痕

凹痕和凸疤

在涂装时，一般将疤痕简单区分成两大类：凹陷进去的疤痕和增生性的凸疤。这两种疤痕都有各自的肌理表现形式。疤痕也可能会在红色的基础上有不同的色调变化，有些看起来更暗，有些看起来更贴近白色。疤痕的色调取决于我们正在涂装的模型想要传达出什么样的故事。拿这个模型来说，我想要表现的是凸起的暗粉色疤痕，同时我也想画一些凹陷的浅粉色疤痕。我先来画这些粗犷的红色调增生疤痕。这些疤痕是模型本身自带的雕刻细节，所以我要做的就是用颜料进一步加强这些雕刻细节。我前面提到过，疤痕有着自己的肌理表现，这也就意味着它们有着自己的光影表达。

我从暗部开始涂装疤痕。人物上半部分的疤痕颜色相对正常，因此我选用了AK 11091胭脂红与AK 11097烧焦红的混色来涂装。红棕色的09225（替代：AK 11097烧焦红）使得这个混合色看起来更加自然，就好像是鲜活的血肉一样。疤痕的轮廓线不锐，因此我用点涂画技法进行涂装（见图1）。

绿色区域中，皮肤上疤痕的暗部色就发生了改变。我依旧使用点画法来涂装疤痕的轮廓线，但是我选用了一个更暗的偏绿的混色，用到了AK 11160黑绿色和AK 11098红黑色（见图2）。

绿色区域的偏下部分由于受光不够，几乎看不到疤痕的细节，所以我没有给疤痕画上亮部，只是用比较模糊的暗色线条来表现疤痕。模型上半部分受光更多、更亮，所以这个部分的细节也就更明显。我用点画的方式涂装了这个区域的疤痕亮部，用到的颜色是AK 11091 胭脂红和AK 11051亮肤色的混合色（见图3）。

最后，我用AK 11051亮肤色涂装了疤痕最亮部（见图4）。

凹陷型的疤痕又有着截然不同的肌理表现。如果光源是从模型上方打来的，那我们要在亮部上方涂上暗部，来表达凹陷的效果。有些年代久远的凹痕已经变成了肌肤色，只不过这片皮肤看起来会有新肉的感觉，颜色更嫩、更鲜活，而且是红色调的。凹痕的暗部我用的是和增生疤痕一样的颜色——AK 11091胭脂红，亮部也同样使用AK 11097 烧焦红。涂装时采用的是点画法（见图5）。

在涂装凹痕时，要注意亮部是位于暗部之下的。这里我用的是AK 11091胭脂红、AK 11097 烧焦红和AK 11054中度肤色的混合色（见图6）。

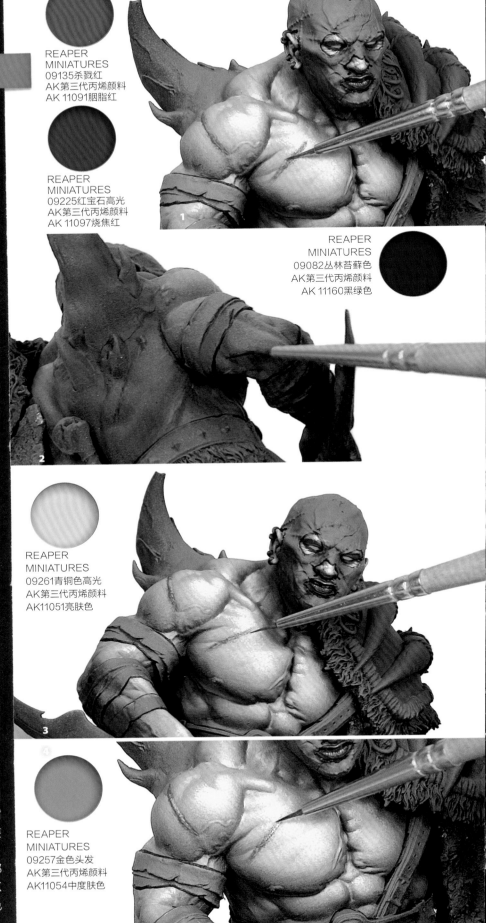

REAPER MINIATURES
09135杀戮红
AK第三代丙烯颜料
AK 11091胭脂红

REAPER MINIATURES
09225红宝石高光
AK第三代丙烯颜料
AK 11097烧焦红

REAPER MINIATURES
09082丛林苔藓色
AK第三代丙烯颜料
AK 11160黑绿色

REAPER MINIATURES
09261青铜色高光
AK第三代丙烯颜料
AK11051亮肤色

REAPER MINIATURES
09257金色头发
AK第三代丙烯颜料
AK11054中度肤色

不同类型的伤疤范例。

伤疤的完成图（见图7）。

REAPER
MINIATURES
09243亮橙色
AK第三代丙烯颜料
AK 11077浅橙色

如果直接用纯红色来涂装大面积伤口的话，会显得非常不自然，所以我们可以用一个接近新鲜疤痕的红色取而代之。我用AK 11091胭脂红作为主色来涂装这块血淋淋的创口区域（见图8）。

为了表现血肉外翻的效果，我在这块创口区域涂装了与主色调有明显差异的色块和瘤状的质感，用的是AK 11091胭脂红和AK 11087浅橙色的混合色（见图9）。

为了平滑红色创口和上方间的过渡，我做了很多层的罩染画。第一层用的是AK 11091胭脂AK 11077浅橙色的混合色。第用的是AK 11077浅橙色。最亮用的是AK 11091胭脂红和AK 1猩红色的混合色（见图10）。

在涂装亮部的最后步骤中，我也试图表现这块血肉所带有的湿漉漉的质感。我将排线法和点画法结合在一起使用，涂装出血管的感觉。亮部我用到了AK 11091胭脂红和AK 11087猩红色。总体来说，这片血肉用的颜色组合与暗粉色的伤疤用的颜色组合相近（见图11）。

接下来，我用AK 11091胭脂红和AK 11002米色的混合色进一步涂装亮部。用的仍是点和线结合的方式。我还用这种方法添加了一点细节，表现了血肉往畸变的骨头方向延伸的动态（见图12）。

REAPER
MINIATURES
09256金色阴影
AK第三代丙烯颜料
AK 11087猩红色

REAPER
MINIATURES
09059骨色
AK第三代丙烯颜料
AK 11002米色

最后一步就是给这块区域涂装上细小的高光，表现出湿漉黏腻的质感。我用的是AK11002米色（见图13）。

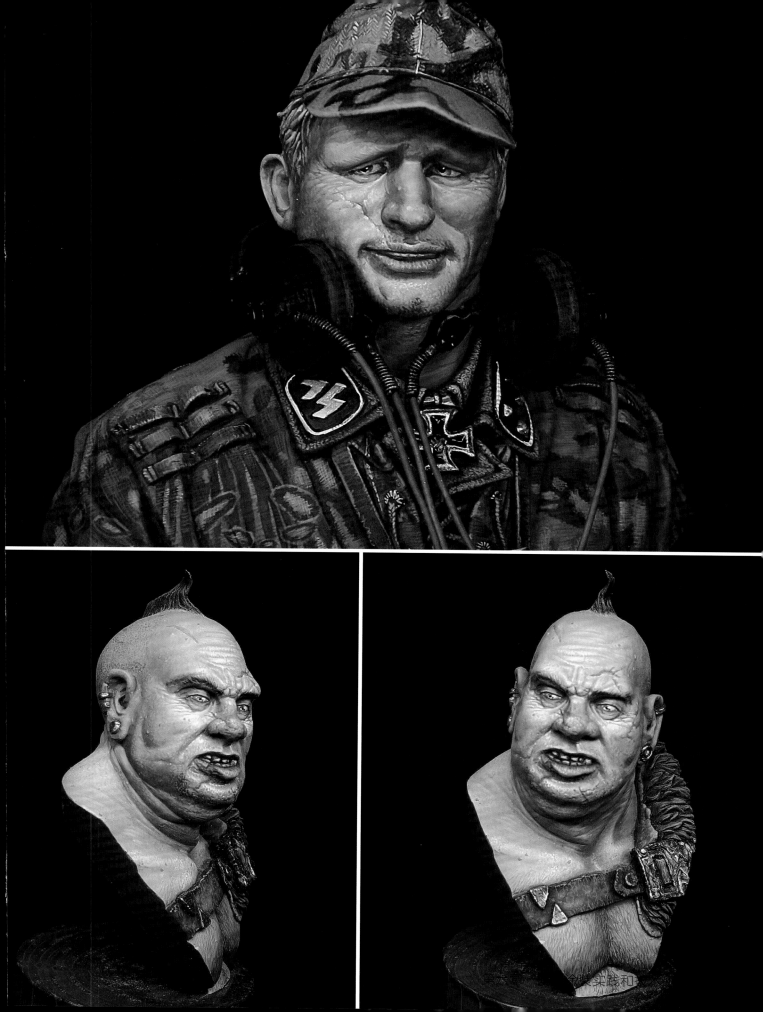

7. 纹身

黑色图案

　　首先，我们要知道画的是纹身而不是贴纸! 纹身是注入皮肤表层下的色素，这也就意味着纹身的明暗表现与皮肤表面的明暗表现是统一的。同时，在条件适合的情况下，纹身和皮肤一样也是带有一定光泽的。

　　我们第一步要对纹身的图案进行良好的设计。微缩模型的涂装面积相对于真实皮肤来说小太多了。也许我们会找到一款很酷的纹身图案作为参考，但可能无法将这个图案的所有细节都还原到如此小的模型上。因此，我们就需要对这个纹身图案进行一定的调整。我们还可以根据毛利风格、凯尔特结或是其他的参考来创造出属于你自己的纹身设计，就是别忘了，这块给你纹身的区域可算不上大。

　　我为这个模型设计了一款以重复的几何图案为主的阿兹特克风格纹身，纹身图案的中间是一个圆底的骷髅头，它也是肩部的主要细节。

　　在开始涂装前，还需要提醒大家，黑色纹身图案本身的颜色并不是纯黑色的。它看起来可能是深灰色的，因为色素是被注入皮肤表层之下的，我们观察纹身的时候是透过皮肤表层观察到的纹身。并且随着时间的推移，纹身用的色素会降解掉一部分，所以如果你想涂装一个已经纹了有点年头的纹身时，用的灰色还要再浅些。

　　这个半身像上的纹身用09065灰内衬色作为打底的颜色。这个颜色非常深，但和纯黑还是有区别的(见图1)。

　　在这个阶段的涂装中，我只是涂装了这个纹身设计的框架和主要元素，主要是把一些大区块给表现出来。可以看到我留白了疤痕的区域，因为疤痕是在纹完身之后产生的。那坨扭曲的血肉上也只有一点点色素的残留，连原本的图案都看不出来，因此我用一些杂乱的点来表现纹身的色素。纹身覆盖了整条手臂。灰色可以用来表现纹身反射天顶光的亮部区域，至于下方受绿色环境光影响的部分，纹身会看起来更暗。此处我就是用线条粗略表现了一下整个纹身设计，后面我会用黑色细化纹身的细节部分。框架完成后，我就可以往框架里填充细节了(见图2)。

REAPER
MINIATURES
09065灰游轮色
AK第三代丙烯颜料
AK 11028黑烟色

上方区域完成后，我开始涂装偏绿的区域中的纹身。这里用的是黑色（见图3）。

REAPER
MINIATURES
09093亮金色
AK第三代丙烯颜料
AK 11051亮肤色

纹身的设计已经完成了，接下来要给它画出光泽度。我用的是AK 11051亮肤色（见图4）。

我在之前涂装手臂的肤色时已经涂装出了高光区域，因此这里我就是根据涂装的高光区域又覆盖了几层半透明的颜色。反光区域的纹身颜色看起来会更浅。记住，反光处的颜色是无视任何底层颜色的，反光的颜色只取决于光源的颜色。所以，反光周围的纹身会看起来有更强的对比且更锐利。

其他颜色的纹身

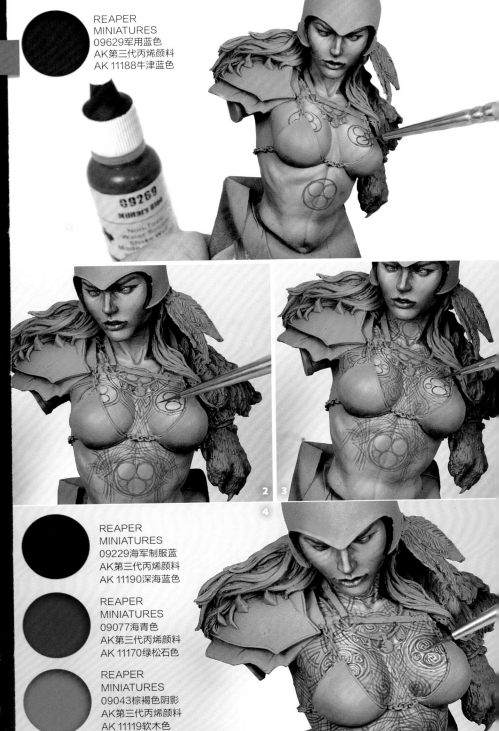

REAPER
MINIATURES
09629军用蓝色
AK第三代丙烯颜料
AK 11188牛津蓝色

不同颜色的纹身在涂装时有些许的区别，最明显的就是颜色上的不同。一个已经纹了很久的纹身也许看起来是蓝的，但是它当初被纹上去的时候可能用的不是蓝色的色素。选用的纹身色素和时间带来的影响使得这个纹身现在看起来是蓝色色调的，但这是在肤色底色上观察这片纹身导致的。实际上，如果单独来看的话，这个有点年头的纹身是灰色的。我们都知道，透过皮肤观察纹身的时候纹身颜色会偏浅，但我们很难确定纹身时用的具体颜色。不过可以比较确定的是，纹身看起来色调都是偏冷的，这和静脉血管看起来偏蓝是一个道理。

在涂装一个纹了很久的蓝色调纹身时，我推荐使用中灰色，或是偏一点点蓝的灰色。这款Aeringunr胸像的纹身我用的是AK 11188牛津蓝色（见图1）。

我在橙色的皮肤区域上开始涂装纹身。大家可以看到，我所画的纹身线同时经过了亮部和暗部。也就是说，之后我需要根据纹身所处的亮暗部区域调整一下这些纹身线的颜色。在这个尺寸的模型皮肤上，因为线非常纤细，导致明暗的调整没有那么重要，不一定产生很大的视觉差异。后面我会用暗一些的颜色修正一下位于暗部区域的纹身，不过现在我决定还是先专心完成这个有趣的凯尔特风格的纹身设计。我的设计思路是让纹身的图案根据身体的起伏来变化。纹身不是贴在皮肤上的水贴，纹身是跟着身体结构走的（见图2）。

那么，我先在胸部和腹部涂装了纹身的主要区域，然后我用线条将这些区域连接起来，并且也是用线条来修饰整个纹身图案。线条的走势都是贴合着身体结构起伏的。

神话中提到，这个纹身是含有魔法力量的。

REAPER
MINIATURES
09229海军制服蓝
AK第三代丙烯颜料
AK 11190深海蓝色

REAPER
MINIATURES
09077海青色
AK第三代丙烯颜料
AK 11170绿松石色

REAPER
MINIATURES
09043棕褐色阴影
AK第三代丙烯颜料
AK 11119软木色

凯尔特风格的图案是有一定的规律的，有许多重复的结构，但同时它也可以是灵活多变的——这个特征对我来说非常重要，因为我想让这个纹身图案尽可能地贴合身体的结构。我以胸部和腹部的主要图案为支点，延伸出了许多的细节，我用细节堆叠出了一款非常复杂的纹身图案（见图3）。

我在圆圈中涂装了螺旋的图案。对我来说，这部分是纹身设计中最难的（见图4）。

在橙色皮肤区域上的纹身设计完成后，我开始在橙色转蓝色的皮肤区域上继续纹身涂装。一开始在橙色区域上用的蓝灰色，在涂装蓝色皮肤区域时就会变得不那么明显了。灰色是个中性的颜色，在蓝色环境光的影响下，灰色也会显蓝。那么这块区域我选择了使用AK 11188牛津蓝色和AK 11190深海蓝色的混合色（见图5）。

用这个混合后的颜色,我继续完成了人物背面的纹身设计,包括斗篷下皮肤最暗部的纹身涂装(见图6)。

在浓烈的阴影之中,纹身的颜色变得不那么明显了,所以我用最暗的AK 11190深海蓝色来涂装出一些较为简单的线条就可以了(见图7)。

纹身的主要设计已经完成,现在就到了凯尔特风格设计中最复杂的部分了:我得把之前画的这些线条都转换成编织纹。转换的规则非常简单,就是要让线条和线条之间不停地重复"上-下"的顺序关系。画这个图案时需要非常专注,才能保证编织纹的顺序不出错。胸部上的纹身是整个纹身图案中最清晰的部分,一定要保证胸部上的纹身图案画得干净且线条清晰。在某个选定的交叉处,我用肤色覆盖掉其中一条线,这样看起来就像是这条线被另外一条线覆盖住了。后面的交叉关系都是根据我们选定的这个交叉处的交叉关系所决定的。线条的形状、粗细、弯曲程度等因素有所出入都没有关系,最重要的就是要保证一条线和另一条线的覆盖关系要以一上一下的顺序来贯彻始终(见图8)。

交叉处覆盖纹身线条所用的肤色要与这块区域原本的皮肤颜色相一致。在橙色肤色区域我用AK 11101橙棕色、AK 11119软木色和AK 11051亮肤色的混合色来涂装交叉处。而蓝色肤色区域我基本用的都是AK 11170 绿松石色(见图9)。

虽然画凯尔特结很痛苦,但是我认为最终的效果还是非常不错的(见图10、图11和图12)。

图案已经完成了，接下来就是要让它看起来更像是纹进皮肤里的纹身。人皮肤的表面有着缎面般的光泽，这点我在之前讲到涂装肌肉和黑色纹身的部分中也提过了。这里也是跟之前一样处理。用来罩染纹身最亮处的颜色，我选用的是AK 11119软木色和AK 11051 亮肤色（见图13）。

在半透明的反射光影响下，部分纹身的颜色有所变淡。纹身部分的工作完成了（见图14）。

这个模型手臂上的纹身是由好几个部分组成的，它更复杂，但是涂装纹身时的基本理念跟之前讲的是一致的。

在面部之后，身体上最富表现力的部位就是手了。

一般来说，人物持有物件或比画手势都离不开双手，我们就可以利用"肢体语言"表现出交流探讨的姿态。在某些人物模型中，双手也扮演着特殊的角色，或者在传达动作的意义上起到重要的作用。

然而，手部的涂装并非易事，这是因为每只手都可以卷握和移动，并根据其特定的光线占据一个位置。而且每只手上都有明显的五根手指，它们都可以独立活动，并且分别产生独自的光影关系。在涂装胸像及大比例人物模型时，由于手部时常并非和身躯一体开模，因此每根手指上的水平褶皱都应当精心考虑。同样，对指甲也需要认真地进行分析。

弯曲的关节是受光最多的部位之一，所以我们必须将其表现出来。在某些特别的姿态中，肌腱也同样清晰可见。用我们自己的双手来比照模型人物手部的位置很有帮助，这样就能看出立体感的表现部位，以及光影之间的不同。甚至靠近皮肤最外层的静脉也会使表皮色泽发生变化，使之呈现出更绿的色相。

米开朗琪罗作品《亚当的创造》中的手部细节。
梵蒂冈西斯廷教堂。

手部的简单涂装方法

阴影区域

明亮区域

我们要涂装一只拿着物件并进行交流的手，例如图中向前指着的这只手。有一些玩家会同时完成所有皮肤区域的涂装，这将会使整体看起来呈现完全相同的颜色。我更倾向于分别涂装每个部位，从而更好地表现手部的精准外形和细节。

首先，涂装手部握持的物体，采用这种方法是因为从里往外涂装更加方便。然后绘制皮肤底色，确保颜料覆盖均匀，在手部和手套交界的部位要格外小心。使用的色彩和涂装人物面部的所使用的颜料相同（见图1）。

接下来，绘制高光。我只是笼统地画了一下，并没有过多地注重细节。考虑到手的位置，以及哪部分受光较多，哪部分受光较少，使立体感产生了基本的照明效果（见图2）。

然后，立体绘制阴影。为了确保手指的完美分离，我特别注意手指之间的区域，逐步加深至看起来像是黑色的强烈阴影。手和持有物之间的交界处的涂装也非常重要，我们同样需要绘制阴影，直到完美地定义边界才行（见图3）。

进行到这一步时，重新绘制细节是一个不错的主意，我使用皮肤上的最高光色来提亮，强调出指关节、静脉和皱纹等。我接着绘制指甲，为了使作业更加容易，我先用暗色涂装指甲，然后涂装指甲顶部，在指甲和皮肤间留下一条细线。细节的程度取决于人物的比例，以及涂装者的技巧（见图4）。

最后，罩染出两层色调，第一层是在指关节部位涂上红色调，由于这部分有大量血液供应，因此能够提升真实感；另一层则是静脉上的蓝色罩染，这样就能和皮肤的其他部位统一起来，并且还能表现出静脉特有的颜色。与此同时，我还在手上添加了一些汗毛（见图5）。

我们重新来看看这个撒拉逊战士的实例，这个模型就是之前讲解暗色皮肤使用的那一个。如前所述，相较于偏白的皮肤，暗色皮肤会有一些差异，首先也是最明显的就是肤色。这里我基本使用了暖色和暗色作为中间色和阴影。从使用AK 11104马鞍棕绘制草图开始。

REAPER
MINIATURES
09072锈棕色
AK第三代丙烯颜料
AK 11103中度锈色

REAPER
MINIATURES
EI 09282 es蛆白色
AK第三代丙烯颜料
AK 11005绿白色

使用一种中度肤色作为底色开始涂装（见图1）。

如果手指为一体开模，我们必须特别留意手指间的凹陷区域（见图2）。

第一层阴影定义出皮肤的凹陷部位（见图3）。

第一层较亮部位仅仅覆盖在光线照射在手上的位置（见图4）。

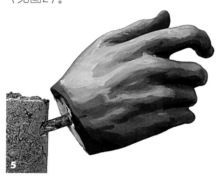

在第一层较亮部位上覆盖更浅的高光（见图5）。

绘制指缝间的水平褶皱并勾勒指甲轮廓，为弯曲的手指表现阴影（见图6）。

使用罩染法柔化交界处之间的边缘，重复罩染直至生硬的边界消失（见图7和图8）。

在下一个阶段，我将向大家展示如何在手上绘制真实的额外细节。手的主要的立体感和纹理已经制作完成，但它看起来还不够真实。真正的手是复杂的，包含了很多让它栩栩如生的细节，比如静脉。由于含有暗色的缺氧血液，大血管会呈现出较暗的色泽，透过皮肤层以后，它们会表现出灰色调。这也是陈旧的纹身有类似变化的原因（见图9）。

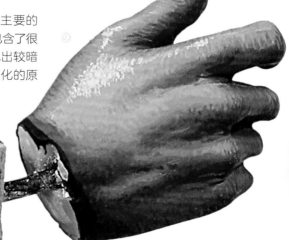

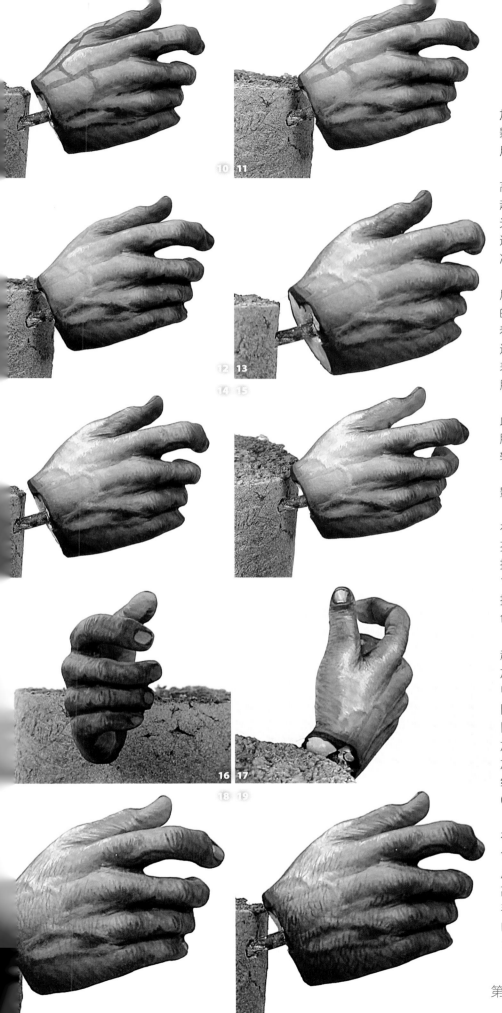

涂上静脉的底色（见图10）。

然而血管并非平面，所以需要让它们更加凸出，因此我在静脉上强调了高光和阴影。阴影可能与皮肤的色调类似，所以我选用的最暗色为AK 11075紫罗兰红（见图11）。

然后用AK 11064米红色在血管上绘制高光，这里需要表现出皮肤因为静脉的凸起而产生的拉扯。在某些部位，我使用高光让凸起显得更加立体。此外在手部顶端还需要在血管上进行罩染，使色泽更亮更冷（见图12）。

使用极稀的AK 11064米红色进行第二层透明罩染，同时我还用这种颜色绘制更亮的高光，使血管的凸起更加锐利。我们可以看到，静脉色泽发生了改变，和肤色更加接近，但却没有消失。最后使用AK 11030米色表现最亮的高光，同时用点画法绘制皮肤的肌理（见图13）。

指关节应当呈现出更暗的红色调，因此我用细线在这些部位同时表现阴影和皮肤肌理。首先使用AK 11103中度锈色绘制较浅的阴影（见图14）。

然后用AK 11096酒红色绘制更暗的阴影（见图15）。

接着涂装指甲。图中可以看到各片指甲在光源照射下呈现出的差异。拇指指甲是最亮的，所以用AK 11097烧焦红作为底色；食指指甲色泽较深，使用加入一丁点黑色的AK 11097烧焦红作为底色；中指、无名指和小拇指的指甲颜色更深，所以要进一步添加颜色更暗的AK 11097烧焦红才行（见图16）。

指甲并非平的，所以我用高光来表现凸起的外形，使用的颜色为每片指甲的基本色加入少许AK 11062旧玫瑰色的混合色。指甲根部白色的小月牙和高光的涂装方式相同，只不过要在混合色中添加更多AK 11062旧玫瑰色。我们还可以在作品中进一步添加细节，例如绘制指甲下的污垢，使用黑色加09082橄榄肤色的混合色勾勒暗黑色边线即可。指甲尖端的较亮边线则直接使用09082橄榄肤色（见图17和图18）。

手上的毛发和眉毛的涂装一样，区别在于笔触更少、更分散。毛发的第一层混合色为AK 11104马鞍棕和AK 11029黑色，然后同样使用这两种颜色，但黑色的比例更高，绘制的区域进一步缩小，基本上集中在手的底部。最后，在最底部的区域绘制少许PBK7纯黑色毛发，作为最后的修饰（见图19）。

三、如何进行眼部涂装

"眼睛是心灵的窗口",这句短语我们听过或说过无数次了吧？那么,如果它的年代足够久远并广为人知,那一定有它的道理。如果我们无法捕捉模型人物注视的意图,那么它们仅仅是一件毫无生气的静止物体。假如脸部已经涂装得足够漂亮,眼睛就会使人物更加引人注目,同时它还能为模型带来勃勃生机。我们对眼部区域的处理将直接决定成品的好坏,这是因为眼部通常是观者首先将目光投注的区域,这将直接决定他们对此人物模型的观感。

当我们第一次接触人物模型时,眼部可能是最令人望而却步的部位了,这是因为我们知晓它的重要性和难度。当制作者考虑绘制更多或更少细节时,这种挑战就会进一步增加。在本书的这个部分中,我将会理清眼部涂装可能出现的各项疑问。事实上这并没有看起来那么难,不信我们就走着瞧吧!

首先我们得打破一个神话,小比例人物的眼部涂装并不会比大比例困难多少。事实上,每种比例都有其各自的难度,比例越大,所需的细节就越多;比例越小,可以发挥的地方就越少。每种比例的涂装方法都不尽相同,但它们对于人物模型的重要性都是一样的。

为什么眼睛对人物模型很重要？这是因为眼睛拥有很多可以完全改变作品意义的要素,眼睛的大小或位置决定了情绪、注视的方向、感觉、疲劳等要素。一个平静状态的人物和一个充满愤怒与攻击性的人物是不一样的,一切都可能失之毫厘谬以千里,所以我们在绘制细节的时候要格外小心。

凝视的方向必须与身体和头部的朝向一致,它也表明了角色的意图。

虹膜的大小也可以表示不同的情况和背景,即便是颜色也必须保持协调,例如给美国土著印第安人画上蓝色的眼睛就是不合逻辑的。花费时间在眼睛上非常重要,我们应当确保所有要素都被考虑周全。

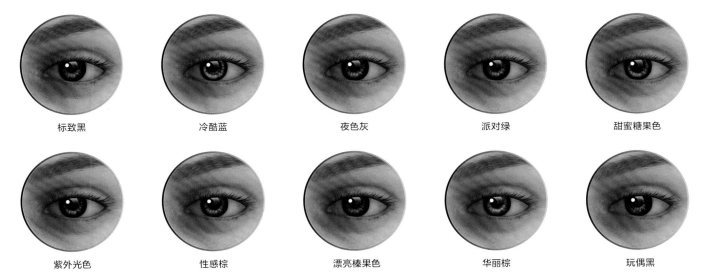

标致黑　　　　冷酷蓝　　　　夜色灰　　　　派对绿　　　　甜蜜糖果色

紫外光色　　　　性感棕　　　　漂亮榛果色　　　　华丽棕　　　　玩偶黑

如何画出真实的颜色和亮度？与所有由自然创造的元素一样，眼睛的颜色是无法简单地在调色板上公式化地给出答案的。在常见的眼睛颜色类型中，我们可以根据自己的喜好改变色调。至于亮度，它是一种通过从暗到亮的颜色组合实现的视错觉。

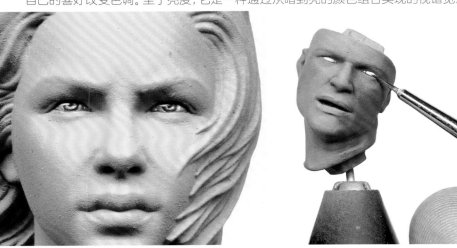

应当在涂装脸部之前还是之后涂装眼睛？这个问题不好回答，它主要取决于个人的喜好。有的玩家由于使用喷笔绘制面部，或者只是喜欢先涂装脸部皮肤，所以倾向于在绘制眼睛之前完成所有的皮肤涂装；另一些玩家则更喜欢先确定凝视的方向，然后再照此绘制面部皮肤，这类人一般更倾向于手涂。有些玩家会担心这部分的难度较高，所以先行制作眼睛，如果有必要，就可以轻松地擦除重来，这样就不会损伤其他部分，直至获得满意的效果。每位玩家都应尝试不同的制作方法，从而发掘出最顺手的操作策略。

需要涂装多少细节？这个问题的答案同样取决于多种因素。有一些比例较小的人物模型，眼睛只是一条简单的暗色线条而已；也有一些人物模型的眼睛必须花费数个小时才能表达出所需的意图。细节的程度同样取决于玩家的技巧，不过只要有耐心，相信我们都能画出具有吸引力的眼睛。我们将在下面的实际范例中证实这一点。

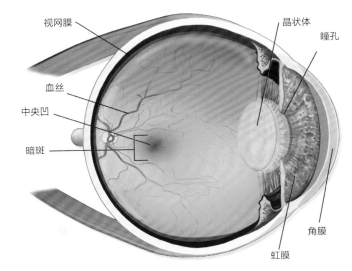

视网膜　晶状体　瞳孔　血丝　中央凹　暗斑　角膜　虹膜

1. 大比例人物模型的眼部涂装

眼部的涂装是脸部涂装最重要的工作。一张脸看起来是富有生气，还是只像个毫无灵魂的玩偶，最重要的因素就是眼睛及眼神的凝视。

首先应当牢记，眼睛是有其结构和体积，它们并非平贴在脸上（见图1）。

我从内眼角的红色开始，这部分是泪腺，使用的颜色为AK 11091胭脂红和AK 11097烧焦红（见图2）。

正如我所说的，眼睛应当呈球形。如同在之前章节中提过的那样，我们之所以能看到立体物件的形状，在于它们有阴影和高光。首先涂装眼球的阴影。请注意，眼白看起来是白色但并非纯白，它会根据人物的健康状况、虹膜的颜色和人种而呈现不同的色调。因此，非洲人的眼白略带点棕色或暗粉色，疲劳的人眼白会发红，肝病患者的眼白会发黄。同时，眼白上还会有细小的血丝。在小比例人物模型中，不可能看到分离的毛细血管，但从较远距离看去，它们会像一小块粉色的色斑，整片毛细血管网会使眼白上的色调呈现粉红色。因此，下一步就要绘制眼白的阴影，用的是AK 11097烧焦红和AK 11050浅肤色的混合色。我故意使用和皮肤相仿的色调来绘制，而不使用红色或白色等纯色，这样就能避免看起来太假且无生气（见图3）。

当脸部朝向光源转过去3/4时，左侧会呈现更暗的色调，眼睛也同样如此。为了表现较深的颜色，我将AK 11108舰底红和AK 11050浅肤色作为混合色（见图4）。

阴影绘制完成，同时我也已经用高光表现出眼睛的凸起感。为了使过渡自然，我们需要几个步骤完成渐变。先用一点AK 11097烧焦红和AK 11050浅肤色混合第一层高光（见图5）。

下一层阴影直接使用AK1 1050浅肤色（见图6）。

露出3/4虹膜，
正常状态

完整一圈虹膜，
兴奋状态

露出1/2虹膜，
疲惫状态

虹膜上方露出眼白，
疯狂状态

在1∶6的比例中，我们可能需要通过更多步骤来绘制渐变。但在更小的比例中（例如75毫米人物模型中的色彩过渡），这几乎是不可见的。此时，只需要一层阴影和一层高光，再加上简单的过渡就足够了。

眼白完成，接着就可以在上面绘制虹膜。这是一项精细的工作，我必须让两只眼睛注视的方向完全相同，这就需要一些练习。虹膜的结构有自己的特点，由于它并非一块平面，所以看起来有点透明感。由于在角膜和虹膜之间存在液体，所以虹膜上会产生凹面。接下来我将向大家展示如何表现这种透明的视错觉。首先画出虹膜轮廓，其可见部分的位置和大小能够传达出意义和情感（见图7）。

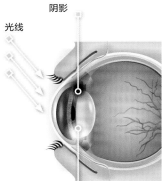

阴影

光线

高光

如果需要表现出专注的目光，最好将两边的虹膜微微向一侧移动，但不要偏离太大，只需移动10~15度即可，否则人物看起来就会像凝视着远方一样。人类虹膜的颜色可能不同，从非常深的棕色到十分清澈的灰色都有，但我们需要知道，如果绘制的是真实系的眼睛（而不是幻想风格的眼睛），虹膜的颜色会是不饱和的。我建议各位使用军事套色，如卡其色、橄榄色、蓝灰色等，而不是深蓝色或祖母绿。与其他部分相比，所有的虹膜都会有一圈看起来像是深色指环的外部边缘。我从颜色最深的一圈开始涂装，然后再绘制内部细节（见图8）。

接着绘制透明感的视错觉。要认识到这一点，我们就得了解它是如何呈现的（见图9）。

来自顶部的光线照在前方，将会穿过角膜和眼睛内部的液体。虹膜有点下凹，上眼睑会在虹膜上投下阴影，这样就会导致虹膜的上部看起来比下部更暗，所以我在虹膜顶部眼皮的正下方画一条黑色细线。此外，我还使用AK 11028烟黑色和AK 11050浅肤色的混合色在底部绘制了一小块灰色的区域（见图10）。

完成后就可以适当提升底部的明亮程度，使用的颜色为添加更多AK 11050浅肤色的混合色（见图11）。

我在虹膜中心添加了一个黑点——瞳孔（见图12）。

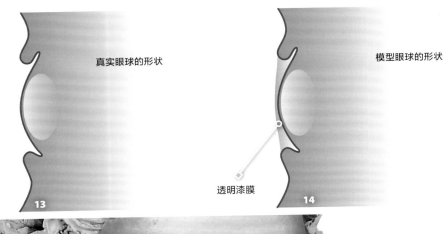

真实眼球的形状　　　　　　　　模型眼球的形状

透明漆膜

13　14

眼球的内部结构完成后，我需要表现它们的光泽。最简单的方法是使用光泽透明漆，虽说效果很好，但只适用于1:6等大尺寸人物模型。对于1:10或更小的人物模型，光泽透明漆看起来会显得不自然（见图13和图14）。

REAPER
MINIATURES
09063幽灵白
AK三代丙烯颜料
AK 11003白灰色

在光泽或缎面表层上的最亮自然反射能够揭示物体的真实形状和大小。一个真人大小的实体眼部模型非常复杂，但在小比例人物模型中，不可能雕刻出富有立体感的所有微小细节。1:6的人物模型眼部可能雕刻得很好，但如果是1:15的人物模型，眼睛就会被简化，所以在这个比例下的自然反射就会显得太过粗糙。此外，即使是一层薄薄的透明漆也有它自己的表面张力膜，这就会进一步改变反射面的凸起程度。对于较小的比例，我建议采用更讨巧的方式绘制假反射。眼睛的表面是湿漉漉的，有光泽的感觉，我们可以看到里面锐利明亮的光源反射，因此我用AK 11003白灰色点画出微小的亮点（见图15）。

我们可以在眼睛表面画上细小的白线，创造出光滑表面的视错觉，这种方法效果非常好。在画完眼睛之后，我勾勒出更精确的眼睛和睫毛的轮廓（见图17）。

15

切记，眼睛的立体感是复杂的，它有许多复杂的形状，眼角的泪腺也可以是明亮的高光。

如果制作者的技巧和模型的大小允许的话，可以在这里绘制次高光点。但是如果我们的眼睛看不到光源怎么办？其实仍然可以画出亮点，它可能只是一条天际线而已（见图16）。

16

接下来，我需要用一条深色的线将眼球和眼睑分开。涂上一条非常细的暖色阴影，就能够使眼睛的形状更锐利。这次选用的是深红棕色调的AK 11096酒红色。这条线必须非常纤细，隐约可见就行了。有时候操作起来并非易事，但我们可以使用下面两种方法让线条和其他微小元素看起来不那么突兀（见图18）。

（1）相较于周围的颜色，选用一种对比度较小的色彩。例如，如果需要在白色上绘制较细的黑线，则不可能画出比毛笔尖端更细的线条。不过，假如我们用对比不那么鲜明的色调来画这条线，它看起来就会更细一些。所以我们要用灰色代替黑色，灰色在白色上比黑色更不明显。

（2）通过咬色的方法修正线条。

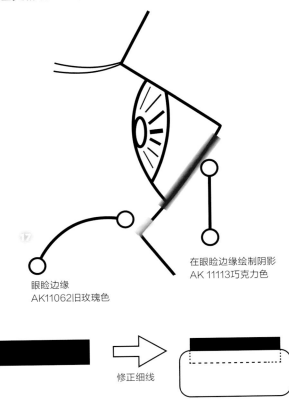

17

眼睑边缘
AK11062旧玫瑰色

在眼睑边缘绘制阴影
AK 11113巧克力色

修正细线

18

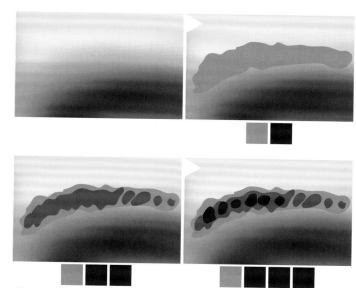

这就是我使眼睛轮廓线更细的方法：先画上线，然后用肤色从下方盖上去。在1:10的比例下，可以看到下眼睑的边缘是一条细细的粉色线条。就像皮肤上的任何地方一样，我建议大家不要使用红色和白色等简单的颜色来表现。相反，最好使用红色的皮肤色调，例如AK 11062旧玫瑰色（见图19）。

另一项重要的细节就是睫毛。我们需要非常准确地呈现，而不应该把它们画得太大。如果模型人物为金发，就不需要画睫毛，这是因为在此比例下的金色毛发太过薄透，几乎难以察觉，不过黑色毛发会使睫毛更加明显。记住，由于比较长的缘故，上睫毛总是会比较明显，所以下睫毛应当画得比上睫毛更浅，甚至根本不画。同时我们还应牢记，如果画不出太细的线条，可以使用对比不那么强烈的色调，这对睫毛的绘制也很有效，例如选用棕色来代替黑色。我用AK 11113巧克力色画上睫毛，AK 11097烧焦红画下睫毛。眉毛的涂装也有它自己独特的策略。除非化过妆，否则眉毛不会有锐利的边界。眉毛是一大簇单独的短毛，这就是它们看起来有点模糊的原因。许多玩家会一遍又一遍地犯同样的错误，他们把头发画得像一个坚硬的物体，甚至在头发周围添加一条深色的线条，使发际线看起来更加锐利，结果看起来像糊在脸上的黏土。实际上真正的发际线并不锐利。我就是使用这个模式来画眉毛的（见图20）。

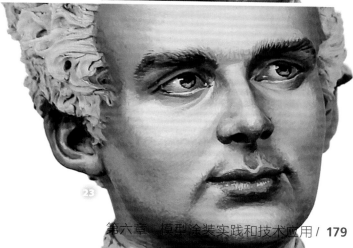

　　为了使轮廓更柔和，我发现分几步绘制眉毛效果更好。先用肤色和发色的混合色勾勒眉毛的外形，然后使用更深的混合色在描好外框的色块内添加小色块，此处用较短的笔触顺着眉毛生长方向进行涂装会比较顺手。绘制眉毛用的第一种颜色是AK 11064米红色和一点AK 11113巧克力色的混合色（见图21）。

　　接着，仍然使用这两种颜色，只不过比例略有调整，较少的AK 11064米红色和较多AK 11113巧克力色（见图22）。

　　最后，直接用AK 11113巧克力色涂装更小的部位（见图23）。

这就是从左前方看过去的脸部完成品视图。

眼睛呈现的表情能够
完全改变人物的整体感觉，
赋予其真实的个性，就像这
个例子。

2.大比例女性人物模型的眼部涂装

女性人物模型的一大特征就是眼睛通常都有化妆。在这个1:10的范例中，我将同时表现眼睛的妆容。首先从已经上过肤色作为底色的面部开始，眼球已经涂上灰色调。我之前已经说过，但实在是很重要所以再强调一次，眼球绝对不应该直接涂成白色（见图1）！

第二步是整体涂装面部的高光，并涂装妆容的基础色。我把脸的上半部涂成较深的烟色，然后把额头、上眼睑和眼睛的侧面涂成棕褐色（见图2）。

我通过添加了一些白色的灰色来提亮眼睛的中心部分。先精心勾勒出眼睛的轮廓，然后开始混合脸部的其他颜色（见图3）。

通过加入了黑色的棕褐色，我给妆容涂上阴影。然后进一步强调了眉毛下方的区域，特别是鼻翼两侧。接着绘制脸部的阴影（见图4）。

我用栗色点亮了虹膜，表现出非常引人注目的蜂蜜色色调。然后在虹膜上加上一个大的瞳孔和一些白色光点，接着用强烈的黑色绘制下眼睑，强调下眼睑并营造立体感。同时，我还在额头区域表现出妆容（见图5）。

最后使用一点纯白色在白色区域添加高光，并在眉毛上绘制阴影，增加眉形的立体感和对比度。接着完成彩妆，使之看起来呈现出湿润的垂流效果。最后，在眼部周围涂上一点高光就大功告成了（见图6）。

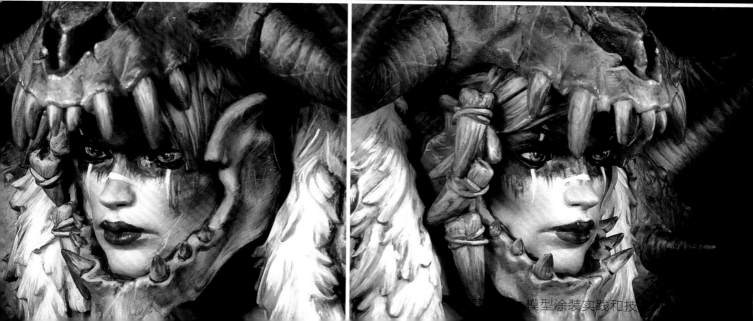

3. 中比例人物模型的眼部涂装

　　75毫米大小人物模型的眼睛很小，所以我只会讲一些基本的操作。因此让我们再回顾一下：首先眼球不是纯白色的，它们的主要颜色更接近于粉红色或浅灰色；其次眼睛不是平的，它们有自己的小阴影和高光。本例中，我用AK 11097烧焦红将整个眼睛部位全部涂满（见图1）。

　　然后，混合AK 11097烧焦红和AK 11010中灰色提亮眼白（见图2）。

　　在虹膜上涂一圈暗色，注意两眼的目光都应该朝向同一个方向，使用的颜料为09137发黑棕（见图3）。

　　接着在暗色圆圈内为虹膜添加较亮的颜色。虹膜的颜色不应是明亮或饱和的，所以我建议使用军事套色。这里用的是AK 11121浅棕土色（见图4）。

　　然后，绘制瞳孔，就像在虹膜中心点上黑点一样，操作时需要非常精细才行。使用的颜色为AK 11029黑色（见图5）。

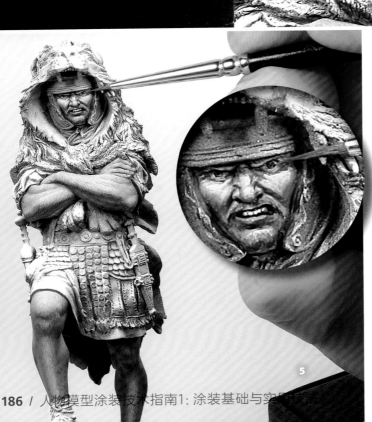

为了表现眼睛的光泽，我点画了些许白色（见图6）。

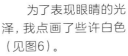

REAPER
MINIATURES
09038雨灰色
AK三代丙烯颜料
AK 11010中度灰

REAPER
MINIATURES
09121卡其阴影色
AK三代丙烯颜料
AK 11121浅棕土色

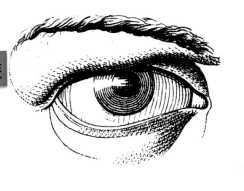
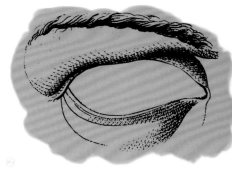

当我们涂装小比例人物模型时，必须考虑的一点就是模型雕刻的细节水平。有时，没有足够的空间为眼睛提供细节，所以我们必须尝试用一种即兴的方式来展示作品。有时候人物模型可以让我们画出眼睛的所有部分，另一些时候用一条细线就足以达到非常有效的成果。

所有模型玩家都希望画出最真实的眼睛。模型的比例越小，细节就越少，但也还是会有一些基本的要素：眼球、虹膜（带着亮度）、上眼睑等。这些都是我们可以尝试在1：35的模型上堆砌的元素（见图1）。

先用基础肤色快速涂装脸部，整张脸包括眼睛都涂满，笔涂、喷涂均可。这次我用多层高度稀释的颜料进行堆叠，直至获得结实的涂层（见图2和图3）。

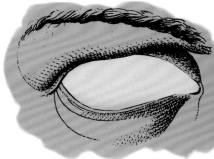

AK 11034 中度沙色　　AK 11008 污灰色　　AK 11029 黑色

接着涂装眼球的"白色"。这一步还是老规矩，绝不使用纯白色，而应当用一种灰色调来表现。本例用的是将少量黑色添加到白色和基本肤色调制出的混合色。我尽量不画到眼球以外的地方，但这几乎是不可能的。不过这并不会造成困扰，我们可以通过肤色进行咬色修正（见图4）。

下面这个步骤成功与否取决于我们的涂装技巧是否娴熟，以及人物模型的大小。在这么小的比例下绘制的虹膜可以用一个单独的色点来表现，但我们仍然可以尝试在虹膜上添加色彩和高光（见图5）。

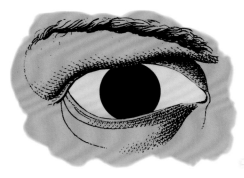

AK 11177 达克特蓝　　AK 11034 中度沙色　　AK 11029 黑色

AK 11177 达克特蓝　　AK 11008 污灰色

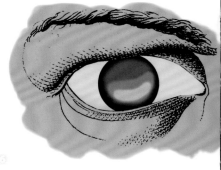

用蓝色点涂虹膜。本例人物的目光是向正前方，这也是由头雕的水准和位置所决定的。如果虹膜的大小出现偏差或涂出界，只需纠正过来即可（见图6和图7）。

添加最后的细节，包括在虹膜上点画白点表现反光，以及绘制上眼睑。这条线绝不能使用黑色，否则看起来就像烟熏妆一样非常假，所以我使用深棕色来表现（见图8）。

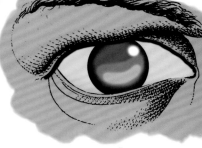

AK11112 深棕色　　AK11001 白色

1: 35比例

1: 35比例

1: 35比例

除了体表某些部分, 毛发分布在身体的各个部位, 但在头部数量最多, 因为它主要负责保持体温。除了主要功能外, 它还具有明显的审美作用。在所有文化中, 它都有不同程度的重要性。

头发由角蛋白和呈现色彩的黑色素组成。对于人物模型涂装, 我们一定要记住, 头发的色调是可以变化的, 其表面会根据光线的入射, 呈现出不同的阴影和反射。

Enrique Velasco。
私人收藏。
F.Javier Hernández。

由于在现实中色调也会产生细微差别, 因此每位玩家都应当清楚, 色调不同, 头发的绘制也就不同。

诚然, 由于比例限制, 涂装在小比例模型上会被简化。但在所有情况下, 原理都是相通的。当我们想到毛发的时候, 首先联想的是头上的头发, 但这一部分还包括如何绘制光头、胡须、眉毛和体毛(手臂、胸部等)。

黑色和棕色是头发最常见的颜色。

金发的颜色从近乎白色到金色不等, 主要分布在"盎格鲁-撒克逊"地区和北欧。

红头发不太常见, 多见于英国。

白发是随着年龄增长而出现的, 其成因不同; 白化病例外, 这是一种遗传变异。

Alfonso Giraldes。
私人收藏。
F.Javier Hernández。

Dmitry Fesechko。
私人收藏。
F.Javier Hernández。

　　头发的色调通常与眉毛和胡须一致，使用的颜色也可以相仿。如果我们想要表现一个刚长出毛发或剃光的头，可以使用罩染法进行涂装。头发的外观也是一大特征，无论是否存在，都能够为我们传达很多关于人物外貌和年龄的信息。

　　在这些图片中，我们可以看到不同类型不同颜色的头发。它们覆盖了头部的很大一部分，所以在涂装时应该特别注意，我们将在下面的范例中进行详细解读。

1. 金发

具有光泽的金发的涂装方法非常接近NMM（用非金属涂装金属效果）技法。因为头发在良好的状态下会呈现出柔软光滑的光泽，这就让我们联想起精致的金丝。展现这种光泽度的简单方法是画出明亮的高光和光源在头发上的反射。图中两处不同区域的步骤几乎是相同的，差别只在于颜色，以及这些区域的光源位置。

在本例中，我们从蓝色区域开始涂装。头发上的阴影采用AK 11190深海蓝色和AK 11170绿松石色的混合色（见图1）。

魔法光的反射会呈现出明亮的蓝色调，我用AK 11170绿松石色来表现（见图2）。

蓝色区域的最后一层高光是用AK 11176深天空蓝来表现的。由于它反射了蓝色区域的光源，所以是最亮的颜色，没有任何一处细节能比这种颜色更亮（见图3）。

接着处理人物的正面部分。预制阴影能够很清晰地揭示头发立体感的造型，我只用AK 11115浅土色和AK 11170绿松石色的混合色简单地强调了几缕而已（见图4）。

接下来为正面区域的头发添加基础色，选用的颜料为AK 11087猩红色。这部分区域已经包含了头发在预制阴影后产生的阴影，没有必要画得太暗，否则头发会看起来像一大坨意大利面（见图5）。

高光是用AK 11054中肤色完成的（见图6）。

REAPER MINIATURES
09229海军制服色
AK三代丙烯颜料
AK 11190深海蓝色

REAPER MINIATURES
09077水鸭蓝绿色
AK三代丙烯颜料
AK 11170绿松石色

REAPER MINIATURES
09078激浪色
AK三代丙烯颜料
AK 11176深天空蓝色

REAPER MINIATURES
09162浮木棕
AK三代丙烯颜料
AK 11115浅土色

REAPER MINIATURES
09256金发阴影色
AK三代丙烯颜料
AK 11087猩红色

REAPER MINIATURES
09257金发色
AK三代丙烯颜料
AK 11054中肤色

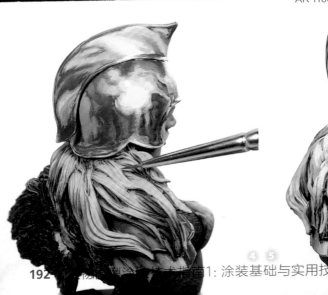

AK三代丙烯颜料
AK 11040撒哈拉黄

AK三代丙烯颜料
AK 11036冰黄色

AK三代丙烯颜料
AK 11001白色

AK三代丙烯颜料
AK 11101橙棕色

AK三代丙烯颜料
AK 11117金棕色

AK三代丙烯颜料
AK 11033暗沙色

2. 灰白发

灰白发是一种能反映环境温度的毛发，也就是说，它在冷热环境下是有区别的。在这两种情况下，都是头发的底色率先发生了变化，所以我们应该在变化底色的基础上绘制白发。在温暖的气候下，我们将从赭灰色开始；在寒冷的气候下，我们则应从蓝灰色开始。下面的范例是一个雪景中的人物。

因为我希望人物能够与周围的环境保持一致，所以先将整个表面涂上蓝灰色的毛发，也就是络腮胡、眉毛和头发（见图1）。

接下来要在底色中逐渐添加白色，并塑造整体的立体感，这样每一绺头发才能表现出三维效果（见图2）。

我们的头发需要深度。为了做到这一点，我在底色中添加了一些暗灰色，并提亮底部的亮色区域。大家可以看到这种做法是如何增加对比度的（见图3）。

最后使用纯白色绘制头发的最高光。如果愿意，它这一步还可以单独绘制毛发。但对一个75毫米大小的人物，最好把尽可能多的光线打在头发上，从而获得正确的光照效果（见图4）。

AK三代丙烯颜料
AK 11165灰蓝色

AK三代丙烯颜料
AK 11001白色

AK三代丙烯颜料
AK 11021玄武石灰

3. 深棕发色

如前所述,头发绘制的难点在于它不是硬物,一团头发会让人联想到一朵云,所以它们的结构可以大致地显现出来。在绘制眉毛的范例中,我已经展示过如何绘制柔和的发际线。同样的方法也适用于头发的主体部分。

为了使发际线的边缘平滑,我使用AK 11053红润肤色和AK 11113巧克力色的混合色来表现(见图1)。

接着使用相同的两种颜料调出较深的颜色,减少AK 11053红润肤色的同时增加AK 11113巧克力色的比例即可(见图2)。

选用AK 11029黑色作为头发主色(见图3)。

使用AK 11108舰底红绘制底部的较暗阴影(见图4)。

接着在主体上绘制高光。记住:头发不是硬物,所以我们不需要单独画每一根头发。最好只画几缕头发。第一层高光用的是AK 11108舰底红,这种颜色偏冷且不饱和,能够很好地表现头发真实的棕色色调(见图5)。

下一层更亮的高光用的是AK 11108舰底红和AK 11064米红色的混合色(见图6)。

最后的高光使用的颜色与上一步相同,只不过AK 11064米红色的比例更高,然后加一点AK 11108舰底红就够了。这样头发的绘制就算大功告成了(见图7)。

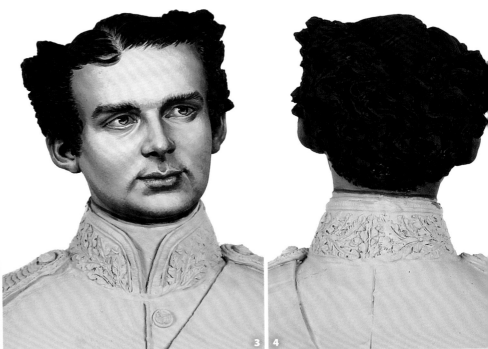

4. 胡须、汗毛和胸毛

下面我们将用这个胸像讲解其他不同部位的毛发涂装。

我们已经用常规方法绘制了这个胸像，打好了基础，准备开始绘制胡须、汗毛和胸毛（见图1）。

体毛和胡须同时绘制。就像头发一样，一团体毛并不是坚硬的物体，它看起来几乎像一朵云，不会产生锐利的边界。我逐层绘制有胡须、汗毛和胸毛的部位，从而形成一个柔软的轮廓。第一层颜色为AK 11116浅棕黄色和AK 11103中度锈色的混合色（见图2和图3）。

下一层颜色只用AK 11103中度锈色即可。头发看起来更加浓密，但仍然很软（见图4和图5）。

第三层为AK 11103中度锈色和黑色的混合色，手臂汗毛和胸毛完成（见图6和图7）。

最后一层为黑色，只涂在头部和胡须上而已（见图8）。

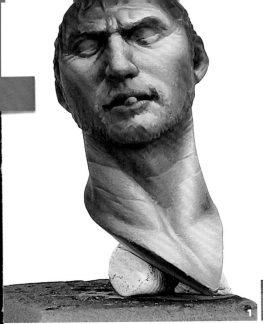

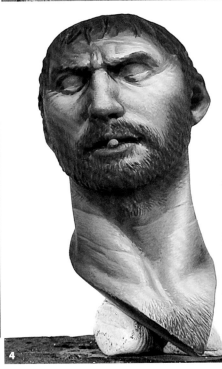

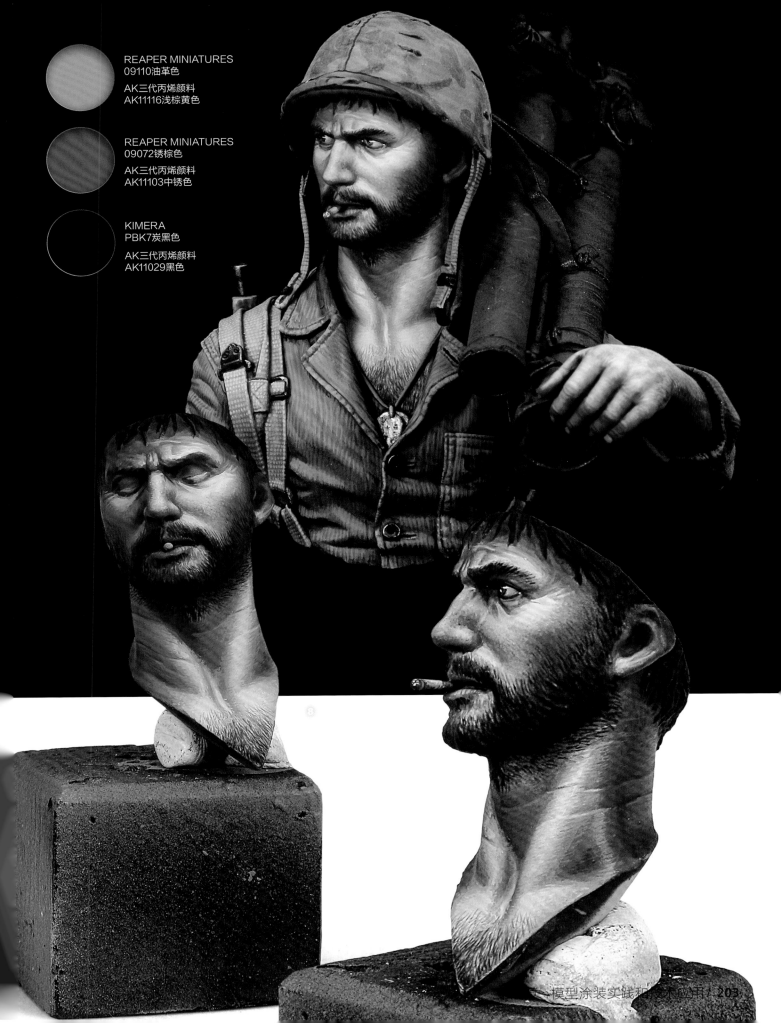

REAPER MINIATURES
09110油革色

AK三代丙烯颜料
AK11116浅棕黄色

REAPER MINIATURES
09072锈棕色

AK三代丙烯颜料
AK11103中锈色

KIMERA
PBK7炭黑色

AK三代丙烯颜料
AK11029黑色

AK三代丙烯颜料
AK 11117金棕色

AK三代丙烯颜料
AK 11035沙黄色

AK三代丙烯颜料
AK 11032浅沙色

颜色	名称	AK 3rd GENERATION ACRYLICS	TAMIYA	Vallejo	MR HOBBY	Abteilung 502	REAPER
	White	AK11001	XF-2	951	11	ABT1101	
	Offwhite	AK11002		820	316	ABT1102	Aged Bone 09059
	White Grey	AK11003		993	311		Ghost White 09063
	Ivory	AK11004		918	21		
	Greenish White	AK11005			31		
	Silver Grey	AK11006		883	51		
	Rock Grey	AK11007			57	ABT1143	
	Grimy Grey	AK11008			313		
	Warm Grey	AK11009	XF-20		321		
	Medium Grey	AK11010	XF-25	907	62		Rainy Grey 09038
	Blue-Grey	AK11011	XF-12	973	67		
	Sky Grey	AK11012	XF-19	989	334		
	Pale Grey	AK11013	XF-80	990	53		
	Medium Sea Grey	AK11014			61		
	Dark Sea Grey	AK11015	XF-53	991	82	ABT1144	
	Grey-Green	AK11016	XF-73	886	70		
	Reddish Grey	AK11017					
	Neutral Grey	AK11018	XF-66	992	68	ABT1141	Weathered Stone 09087
	Graphite	AK11019	XF-22		22		
	English Grey	AK11020	XF-54	836	305		
	Basalt Grey	AK11021	XF-77	869	83		Shadowed Stone 09085
	Dark Grey	AK11022	XF-24	994	27		
	Lead Grey	AK11023			333	ABT1142	
	Ash Grey	AK11024		866	68		
	German Grey	AK11025	XF-63	995	404		
	Tenebrous Grey	AK11026			452		Muddy Soil 09244
	Rubber Black	AK11027	XF-85		77		Walnut Brown 09136
	Smoke Black	AK11028	XF-69	862	401	ABT1103	Grey Liner 09065
	Black	AK11029	XF-1	950	12	ABT1104	
	Beige	AK11030		917			Fair Shadow 09046
	Buff	AK11031	XF-57	976			Blond Highligth 09258
	Pale Sand	AK11032		837		ABT1112	Khaki Highkight 09123
	Dark Sand	AK11033	XF-88	847	36		Golden Skin 09092
	Medium Sand	AK11034		977	71		
	Sand Yellow	AK11035		916			
	Ice Yellow	AK11036		858			
	Pastel Yellow	AK11037					Buckskin Pale 09075
	Pale Yellow	AK11038		949			
	Purulent Yellow	AK11039		806			
	Sahara Yellow	AK11040				ABT1109	
	Golden Yellow	AK11041		948			
	Volcanic Yellow	AK11042			24	ABT1108	Saffron Sunset 09247
	Dirty Yellow	AK11043			329		
	Yellow	AK11044	X-8	953	413		
	Deep Yellow	AK11045		915	4	ABT1107	
	Radiant Yellow	AK11046					
	Lemon Yellow	AK11047	XF-3	952			
	Laser Yellow	AK11048		954			
	Fluorescent Yellow	AK11049		730	97		
	Light Flesh	AK11050		928		ABT1118	Desert Sand 09432
	Luminous Flesh	AK11051			318		Bronzed Highlight 09261
	Basic Skin Tone	AK11052		815			
	Radiant Flesh	AK11053		955		ABT1117	
	Medium Flesh Tone	AK11054		860		ABT1116	Blond Hair 09257
	Sunny Skin Tone	AK11055	XF-15	845			
	Dark Flesh	AK11056		927	44		
	Vampiric Flesh	AK11057			336		Bloodless Skin 09150
	Decomposed Flesh	AK11058	XF-78		85		Olive Skin Sighlight 09222
	Pastel Pink	AK11059					

颜 色	名 称	AK 3rd GENERATION ACRYLICS	TAMIYA	Vallejo	MR. HOBBY	Abteilung 502	REAPER
	Sickly Pink	AK11060					
	Salmon	AK11061		835			
	Old Rose	AK11062	X-17	944	19	ABT1119	Rosy Skin 09068
	Brown Rose	AK11063		803			
	Beige Red	AK11064		804			Tanned Skin 09044
	Intense Pink	AK11065		958			
	Laser Magenta	AK11066					
	Magenta	AK11067		945		ABT1106	
	Fluorescent Magenta	AK11068		735	99		
	Pastel Violet	AK11069					
	Blue Violet	AK11070		811		ABT1127	
	Lilac	AK11071			49	ABT1135	
	Deep Violet	AK11072					
	Purple	AK11073	X-16	959	39		
	Deep Purple	AK11074				ABT1126	
	Violet Red	AK11075		812			Burgundy Wine 09025
	Pastel Peach	AK11076					
	Light Orange	AK11077		911			Highlight Orange 09243
	Medium Orange	AK11078					
	Burn Orange	AK11079	X-6	805			
	Deep Orange	AK11080		851	14	ABT1120	
	Fluorescent Orange	AK11081		733	98		
	Luminous Orange	AK11082					
	Dead Red	AK11083			29		
	Ruby	AK11084		802			
	Cadmium Red	AK11085		910			
	Amaranth Red	AK11086		829			Carrot Top Red 09242
	Scarlet Red	AK11087		817			Blond Shadow 09256
	Deep Red	AK11088	X-F7		23	ABT1122	
	Blood Red	AK11089		909			
	Vermillion	AK11090		947	86	ABT1125	
	Carmine	AK11091	X-7	908	3		Carnage Red 09135
	Matt Red	AK11092		957	13		
	Brick Red	AK11093		946	327		
	Bordeaux Red	AK11094			43		
	Dirty Red	AK11095		926	33		
	Wine Red	AK11096			466		Bloodstain Red 09133
	Burnt Red	AK11097	XF-9	814	47		Redstone Highlight 09225
	Black Red	AK11098		859		ABT1123	Red Brick 09001
	Ocher Orange	AK11099		P			
	Light Brown	AK11100		929			
	Orange Brown	AK11101		981			Orange Brown 09201
	Deep Brown	AK11102		818	453		
	Medium Rust	AK11103		P	7		Rust Brown 09072
	Saddle Brown	AK11104	XF-79	940			Harvest Brown 09200
	Light Rust	AK11105					
	Mahogany Brown	AK11106		846	344		
	Dark Rust	AK11107	XF-68		17	ABT1124	Saddle Brown 09428
	Hull Red	AK11108		985	84		Intense Brown 09138
	Dark Brown	AK11109	XF-64	826		ABT1114	
	Leather Brown	AK11110		871	456		
	Burnt Umber	AK11111	XF-51	941		ABT1145	Basic Dirt 09245
	Grim Brown	AK11112		822	462	ABT1147	Blackened Brown 09137
	Chocolate (Chipping)	AK11113	XF-10	872			
	Deck Tan	AK11114	XF-55	986	53		
	Light Earth	AK11115		819	79		Driftwood Brown 09162
	Tan Yellow	AK11116		912	44		Oiled Leather 09110
	Golden Brown	AK11117		877			Chestnut Gold 09073
	Ochre	AK11118		913	34	ABT1110	

颜色	名 称	AK 3rd GENERATION ACRYLICS	TAMIYA	AV vallejo	Mr. HOBBY	Abteilung 502	REAPER
	Cork	AK11119	XF-52	843	66		Tanned Shadow 09043
	Mud Brown	AK11120		825	341	ABT1113	Shield Brown 09161
	Tan Earth	AK11121	XF64	874	37	ABT1115	Khaki Shadow 09121
	Green Ochre	AK11122	XF59	914	402		Green Ochre 09128
	Japanese Brown	AK11123		923			
	Middle Stone	AK11124	XF60	882	401		
	Grey-Brown	AK11125	XF72				
	Green-Brown	AK11126	XF49	879	81		
	British Khaki	AK11127		921	72		Uniform brown 09127
	Luminous Green	AK11128					
	Fluorescent Green	AK11129			100		
	Pistachio	AK11130					
	Pastel Green	AK11131					
	Green-Grey	AK11132	XF21	971	74		
	Dark Green-Grey	AK11133			302		
	Green Sky	AK11134		974	50		
	Faded Green	AK11135	XF76		48		
	Frog Green	AK11136					
	Lime Green	AK11137	X15	827	16		
	Interior Yellow Green	AK11138	XF4		58		
	Golden Olive	AK11139		857		ABT1138	Worn olive 09159
	Grass Green	AK11140					
	Light Green	AK11141	X28	942			
	Deep Green	AK11142		969	26	ABT1137	
	Mint Green	AK11143					
	Emerald	AK11144		838	46		
	Lizard Green	AK11145					
	Dark Green	AK11146		970			
	Olive Green	AK11147	XF5	967			Olive Green 09035
	Medium Olive Green	AK11148		850	464		
	Intermediate Green	AK11149		891	312	ABT1139	
	Gunship Green	AK11150	XF26	895	6	ABT1140	Olive Drab 09158
	Brownish Green	AK11151					
	Alga Green	AK11152		833	422		
	Extra Dark Green	AK11153	XF27	896			Swamp Green 09175
	German Field Grey	AK11154	XF65	830	73		
	Command Green	AK11155	XF67	888	80		Olive shadow 09157
	Camouflage Green	AK11156	XF81	887	52		
	US Dark Green	AK11157	XF13	893	64		Military Green 09176
	Reflective Green	AK11158	XF58	890	320		
	Russian Green	AK11159	XF62	894	420		
	Black Green	AK11160	XF11	980	59		Jungle moss 09082
	Pale Blue	AK11161	XF23	906	418		
	Spectrum Blue	AK11162			67		
	Intermediate Blue	AK11163	XF25	903			
	Dark Blue-Grey	AK11164		904		ABT1130	
	Grey-Blue	AK11165		943	42		
	French Blue	AK11166		900	305		
	Anthracite Grey	AK11167	XF18		42		Highland Moss 09083
	Pastel Blue	AK11168			41		
	Blue-Green	AK11169		808			
	Aquatic Turquoise	AK11170		840			Marine Teal 09077
	Turquoise	AK11171		966			
	Archaic Turquoise	AK11172					
	Ocean Blue	AK11173	XF50				
	Snow Blue	AK11174				ABT1129	
	Sky Blue	AK11175		961			
	Deep Sky Blue	AK11176		844	323		Surf Aqua 09078
	Ducat Blue	AK11177		841	25		

颜色	名称	AK 3rd GENERATION ACRYLICS	TAMIYA	vallejo	MR. HOBBY	Abteilung 502	REAPER
	Fluorescent Blue	AK11178		736			
	Ultramarine	AK11179		839		ABT1133	
	Imperial Blue	AK11180			465		
	Dark Blue	AK11181		925	5		
	Deep Blue	AK11182		930	15	ABT1128	
	Amethyst Blue	AK11183			35		
	Medium Blue	AK11184	X13	963	88		
	Star Blue	AK11185			322		
	Light Prussian Blue	AK11186	XF8	965			
	Strong Dark Blue	AK11187			326		
	Oxford	AK11188		807			Military Blue 09269
	Dark Prussian Blue	AK11189	X3	899	5	ABT1134	
	Dark Sea Blue	AK11190	XF17	898	54		Worn navy 09229
	Gold	AK11191			9	ABT1149	
	Old Gold	AK11192					
	Rusty Gold	AK11193					
	Brass	AK11194		801			
	Rusty Brass	AK11195					
	Bronze	AK11196		998			
	Copper	AK11197	XF6	999	10	ABT1150	
	Burnt Tin	AK11198	XF28				
	Metallic Blue	AK11199			88		
	Astral Beryllium	AK11200			63		
	Cobalt Blue	AK11201					
	Anodized Violet	AK11202					
	Foundry Red	AK11203					
	Emerald Metallic Green	AK11204					
	Metallic Green	AK11205			89		
	Pearl	AK11206					
	Aluminium	AK11207	XF16	993			
	Dark Aluminium	AK11208					Filigree silver 09453
	Silver	AK11209	X11	997	8	ABT1148	
	Natural Steel	AK11210	XF56	864	18		True silver 09207
	Oily Steel	AK11211		865	38		
	Gun Metal	AK11212	X10	863	76		
	Clear Red	AK11213		934	90		
	Clear Blue	AK11214		938	93		
	Clear Smoke	AK11215		939	95		
	Clear Green	AK11216		936	94		
	Clear Yellow	AK11217		937	91		
	Clear Orange	AK11218		935	92		
	Sepia INK	AK11219					
	Turquoise INK	AK11220					
	Skin INK	AK11221					
	Sooty Black INK	AK11222					
	Carbon Black INK	AK11223					
	Purple INK	AK11224					
	Luminous Green INK	AK11225					
	Dark Green INK	AK11226					
	Penetrating Red INK	AK11227					
	Night Blue INK	AK11228					
	Burnt Umber INK	AK11229					
	Titanium White INK	AK11230					
	Retarder	AK11231					
	Metal Medium	AK11232					
	Glaze Medium	AK11233					
	Matte Medium	AK11234					
	Gloss Medium	AK11235					
	Crackle Medium	AK11236					